中公新書 2793

更科　功著

化石に眠るDNA

絶滅動物は復活するか

中央公論新社刊

はじめに

DNAには不思議な魅力がある。ただの化学物質に過ぎないのに、生命と繫(つな)がっているようなイメージがある。いや、これは単なるたとえではない。ある意味、実際に繫がっているのである。

現在の地球では、生物と無生物は比較的はっきりと分けられる。でも、それは、生物の中にウイルスを含めないからだろう。生物と無生物の中間的な存在であるウイルスを含めれば、生物と無生物は事実上繫がってしまうのだ。

複雑で大きなウイルスが発見されたことにより、ウイルスと細菌（つまり生物）の境界は、あいまいになりつつある。また、一番単純なウイルスは単なるDNAであり、ただの物質と区別がつかない。

たとえば、ラムダファージというウイルスは、DNAをタンパク質のカプセルで包んだような形に尾のようなタンパク質が付いている。ラムダファージは、DNAを大腸菌に注入してたくさんのラムダファージを作らせると、大腸菌を殺してたくさんのラムダファージが外へ出てくる。しかし、場合によっては、大腸菌に感染したのち、ラムダファージは大腸菌の中でおとなしくしていることもある。そういうときのラムダファージは、ただのＤＮＡであって、大腸菌のＤＮＡの中に組み込まれているのである。

このように、完全な生命体から、単なる化学物質であるＤＮＡまでは、連続的に繋がっている。そのため、生命のない場所からＤＮＡが見つかれば、そのＤＮＡを基に生命が作れるのではないかと想像（妄想？）することは、人の性なのかもしれない。そんな想像をたくさん生み出してきたのが、化石の中のＤＮＡである。

化石の中のＤＮＡは、古代ＤＮＡとも呼ばれる。古代ＤＮＡの研究は純粋に科学的な研究だが、そこにはいつも絶滅種の復活という「背後霊」がまとわりついてきた。古代ＤＮＡの研究のスタートになったクアッガというウマの研究も、もとはといえば絶滅したクアッガを復活させるための研究だったし、古代ＤＮＡ研究に（よくも悪くも）大きな影響を与えた『ジュラシック・パーク』という小説や映画も、恐竜を復活させる話であった。そして、現在も、マンモスなどの復活に向けて、実際に研究が行われている。古代ＤＮＡの研究が背後霊から逃れることは、なかなか難しそうである。

本書では、絶滅種の復活を軸に、古代ＤＮＡの研究の歴史を振り返ってみた。そこには生命を操作するという側面があり、技術的な問題だけではなく、倫理的な問題も存在する。しかも、中には地球温暖化の爆発を抑えるかもしれないという喫緊の課題もある。これらの研究結果が、吉と出るか凶と出るかは、１００年ぐらい経たないとわからないかもしれないが、日頃（ひごろ）から多くの人に関心を持ってもらうことは有益だろう。そんな折に、拙著が少しでもお役に立てば幸いである。

目次

図版作成　ケー・アイ・プランニング

化石に眠るＤＮＡ

第1章　古代DNA研究の前夜

野菜泥棒の疑惑

芥川賞作家で、大学で教鞭をとる奥泉光の著作に『桑潟幸一准教授のスタイリッシュな生活』という、半分ふざけたミステリー小説がある。私にとっては大変すばらしい小説で、シリーズ3冊のすべてを20回ぐらい読んでいる。今も寝る前に読んでいるので、この回数は現在も更新中である。千葉の果ての「たらちね国際大学」に勤めるクワコーこと桑潟幸一准教授が主人公で、ほとんど無能な大学教師という設定だ。専門は日本文学で、太宰治に関する短くて内容のない論文を2本書いているものの、黒板に「太宰治」と書こうとしたら、「宰」という漢字が思い出せなくて書けなかったという。

クワコーの給与は毎月手取りで11万350円だ。アパートの家賃が7万2000円で、光熱費水道代インターネット代などを含めると、ざっと8万5000円。残りは2万5000

円ぐらいしかなく、これで食費から被服費、交際費などすべてを賄わなくてはならない。つまり、クワコーはとても貧乏なのだ。

そんなクワコーが歩いてアパートまで帰る途中、道の脇に野菜の無人販売所があった。販売台の上に並んだ野菜を見ると、さきほど寄ったスーパーより安い。クワコーは時間をかけて大根を1本選び出すと、お金を箱に入れた。

クワコーが歩き出すと、農家の人らしい老女が出てきて、クワコーを見た。その目が「ちゃんとカネを払ったんだろうね」と疑う目に思えて、クワコーはいたく傷ついた。しかし、お金を入れたときに、周りに人はいなかったので、クワコーが盗んでいないという証拠はない。箱の中には何枚か硬貨が入っているだろうが、その中の1枚はクワコーが入れたものだ、という証拠はないのだ。クワコーは口惜しさに震えた。そして、これからは、お金に名前を書いておこうと思った。

次の日、クワコーが野菜の無人販売所まで歩いてくると、昨日はなかった貼り紙があって、「ヌスムナ!」と汚い字で書いてある。これは自分に向かって書かれたメッセージに他ならないと思えば、クワコーは腹の底から憤怒の溶岩が溢れ出そうになった。

化石の中のDNA

すべての生物はDNA(デオキシリボ核酸)という化合物を持っており、そこに遺伝情報が蓄えられている。ＤＮＡは、ＲＮＡ（リボ核酸）やタンパク質に比べて、いろいろと使い勝手がよいので、人間が実験をするときにも広く使われている。そういうときには、ＤＮＡを、現在生きている生物の細胞から取り出すことがふつうである。また、ＤＮＡを人工的に合成して使うことも、よくある。しかし、まれには過去の生物から、つまり化石から取り出すこともある。この、化石から取り出したＤＮＡのことを、古代ＤＮＡという（ちなみに、広い意味では、剝製（はくせい）やミイラも化石に含まれる）。

古代ＤＮＡを扱うときには、現生生物のＤＮＡを扱うときにはない悩みがある。それが、さきほどのクワコーの悩みだ。

たとえば、クワコーの財布の中に入っているお金は、クワコーのお金だと考えて問題はないだろう。勝手にクワコーの財布を開けて、そこに自分のお金を仕舞っておく人は、まずいないからだ。

しかし、無人販売所の箱の中のお金は、そうではない。たしかにクワコーが入れた硬貨も入っているだろうが、他の人が入れた硬貨もたくさん入っている。それでは、農家の老女に疑われたときは、どうするか。どうやって、クワコーが入れた硬貨を特定するか。クワコーなら、硬貨に名前を書いておくという奥の手があるようだが。

現生生物のＤＮＡを取り出すことは、クワコーの財布からクワコーの硬貨を取り出すようなものだ。現生生物の体の中のＤＮＡは、ほとんどがその生物自身のＤＮＡだからだ。一方、化石から古代DNAを取り出すことは、無人販売所の箱の中からクワコーが入れたお金を取り出すことに似ている。硬貨に名前が書いていなければ、クワコーが入れた硬貨を特定することは非常に難しい。しかし、そこをクリアしなければ、古代DNAの研究は成り立たない。

化石は長い年月にわたって、地中などに放置されていることがふつうである。そのあいだには、菌類や細菌などが入り込んで、増殖することもあるだろう。そうすると、化石の中に、それらのDNAが残ることになる。また、化石が発掘された後は、いろいろと人間に扱われるため、人間のDNAが化石に混入することも多い。

さらにいえば、DNAは至るところに存在している。生物は生きているだけで、垢や汗や吐息などによって、のべつまくなしにDNAを撒き散らしている。だから、研究所の建物の中にも外にも、地中にも空気中にも、DNAは存在している。何しろ地球は生命に満ち溢れた星なので、そこらじゅうDNAだらけなのだ。それらが何らかの形で化石に混入する可能性は非常に高い。つまり化石の中には、いろいろな生物のDNAが混在しているということだ。したがって、化石の中からDNAを取り出した場合、それがもともとの生物に由来するDNAである保証はない。後から混入してきたDNAかもしれないのである。

過去から現在まで、すべての古代DNAの研究における最大の問題は、この真偽性だ。古代DNAと聞けば、すぐに真偽性に思いを致すこと。それは、古代DNAを研究する人はもちろんだが、古代DNAの研究とは関係のない人が、テレビやインターネットなどで古代D

ＮＡの記事に接するときにも必要な態度だろう。そして、この真偽性の問題は、古代ＤＮＡだけでなく、化石タンパク質などの他の生体分子についても、基本的には当て嵌まる話である。

現在（２０２０年代）の日本でも、化石から生体分子を取り出しただけで、あたかもそれが、化石になった生物に由来するものであるかのような報道がなされることがある。さすがに学術雑誌の論文にはならないようだが、テレビやインターネットには「恐竜の化石から××を発見！」みたいな無責任な記事が今でも見られる。

もちろん、恐竜の化石の中に恐竜の生体分子が残っている可能性はゼロではない。しかし、その可能性を検討するためには慎重な考察が必須である。実際、そういう研究も行われているが、一方で無人販売所の箱の中から適当に硬貨を１枚選び出して、これが私の入れた硬貨だとあつかましく主張するようなことも、また行われているのである。

古代ＤＮＡの研究は、まさに玉石混淆である。そして、玉か石かを見分ける尺度は、真偽性だ。それでは、いつも真偽性を頭の片隅に置いておきながら、これから古代ＤＮＡについて考えていくことにしよう。

ＤＮＡとタンパク質

生物の体の中にはＤＮＡの他に、タンパク質や脂質や糖類などの有機物がある。これらの中では、DNAとタンパク質が、情報量が多い有機物として知られている。

DNAというのは、デオキシリボヌクレオチドという化合物（以下はヌクレオチドと略記）が、たくさん繋がったものである。このヌクレオチドは、三つの部分からできている。糖とリン酸と塩基だ。このうち、糖とリン酸はどのヌクレオチドでも共通だが、塩基は4種類ある。そのうちの1種類が、それぞれのヌクレオチドで使われているので、ヌクレオチドも4種類あることになる。この4種類のヌクレオチドの並び方が、DNAの情報になっているのである。

ちなみに、ヌクレオチドの中で違うのは塩基の部分だけなので、4種類のヌクレオチドの並び方というのは、実質的には4種類の塩基の並び方と考えてよい。そのため、この並び方のことを、「ヌクレオチド配列」ではなく「塩基配列」と呼ぶのが一般的である。また、たとえば5個のヌクレオチドが繋がったDNAのことは、「5ヌクレオチドのDNA」ではなく「5塩基のDNA」と呼ぶことが多い。

このDNAの塩基配列が遺伝情報になっているのだが、その情報量は膨大だ。たとえば、6塩基のDNAが取り得る塩基配列の数は、4通りの可能性がある塩基が6個繋がっているので、次のようになる。


4×4×4×4×4×4＝4096（通り）

たった6塩基のDNAですら、4000通り以上の塩基配列を取り得るのだ。ましてや、私たちヒトのＤＮＡは約60億塩基対（えんきつい）もある（細胞の中のＤＮＡはたいてい二本鎖（にほんさ）になっており、そこでは塩基同士が結合してペアになっているので、「塩基」ではなく「塩基対」と数える）。ＤＮＡのすべての部分が情報として使われているわけではないにせよ、使われている情報量だけでも莫大（ばくだい）なものである。

一方、タンパク質は、アミノ酸という化合物が、一列にたくさん繋がったものである。アミノ酸は20種類あって、その並び方は、ＤＮＡの塩基配列によって決められている。三つの塩基が、一つのアミノ酸に対応しているのだ。生物の細胞は、この塩基配列にしたがってアミノ酸を繋げていき、タンパク質を作るのである。

ところで、アミノ酸は20種類あると述べたが、これはＤＮＡの塩基配列で指定されているアミノ酸は20種類である、という意味だ。言い方を変えれば、できたばかりのタンパク質は20種類のアミノ酸からできている、ということだ。その後、アミノ酸は細胞内の化学反応で変化することがあるので、実際に生物の体の中で働いているタンパク質は、20種類より多くのアミノ酸からできていることになる。

この20種類より多くのアミノ酸が並んでいることによって、やはりタンパク質も莫大な情報を持っているといえる。

図表1　地質時代の区分と年代

代	紀	年代
新生代	第四紀	260万年前
	新第三紀	2300万年前
	古第三紀	6600万年前
中生代	白亜紀	1億4500万年前
	ジュラ紀	2億100万年前
	三畳紀	2億5200万年前
古生代	ペルム紀	2億9900万年前
	石炭紀	3億5900万年前
	デボン紀	4億1900万年前
	シルル紀	4億4400万年前
	オルドビス紀	4億8500万年前
	カンブリア紀	5億3900万年前
先カンブリア時代		

化石の中のアミノ酸

古代DNAの研究は、1984年に発表されたクアッガというウマの古代DNAの解析をもってスタートとするのが一般的である。それについては後述するが、それ以前にも化石の中のDNAやタンパク質についての研究は行われていた。ワトソンとクリックによるDNAの二重らせん構造についての有名な論文が発表されたのは1953年だが、タンパク質やその構成要素であるアミノ酸についての研究には、それより古い研究もいくつかある。

たとえば、1944年にアメリカのマサチューセッツ工科大学のリチャード・ベアは、マンモスの牙(きば)にコラーゲンというタンパク質の線維が残っていることを、X線回折という物理的な方法を使って確認している。(1)

また、1954年から56年にかけて、アメリカのカーネギー地球物理研究所のフィリップ・アベルソンが、いくつかの化石からアミノ酸を検出した。(2と3) それらの化石の中には、中新世（2300万～530万年前）の二枚貝や巻貝の貝殻、ジュラ紀（2億100万～1億4500万年前）のステゴサウルスという恐竜の骨、そしてもっとも古いものとしてはデボン紀

（４億１９００万〜３億５９００万年前）のディニクティスという魚の骨などが含まれていた。

このような、化石からアミノ酸を検出する研究は、１９６０〜70年代には世界中のさまざまな科学者によって行われた。中には、カンブリア紀（５億３９００万〜４億８５００万年前）の三葉虫（さんようちゅう）の化石からアミノ酸を検出したという、非常に古い化石からの報告まであった。この報告をしたのは、マイケル・ブリッグスというイギリス生まれの生化学者で、当時はニュージーランドのヴィクトリア大学に在籍していた。彼は、のちにオーストラリアのディーキン大学の教授になるのだが、そこで研究データの捏造（ねつぞう）が発覚し、大学を辞職することになる。しかし、三葉虫からアミノ酸を検出した論文は、おそらく捏造ではないだろう。この研究が行われたのは、データの捏造が発覚するより20年以上も前のことだし、こういう研究はあまり名誉やお金に関係なさそうだからだ（まあ、本当のところはわからないけれど）。

アミノ酸の真偽

しかし、たとえデータが捏造でなかったとしても、化石からアミノ酸を検出したこれらの研究には、大きな問題がある。それは真偽性の問題だ。

生物の体の中で、アミノ酸の存在の仕方は２通りある。一つは、アミノ酸同士が繋がってタンパク質の一部となっているアミノ酸で、もう一つは、一つずつバラバラになっているアミノ酸だ。後者は遊離アミノ酸といって、細胞や血液の中にたくさん存在し、生命活動に重要な役目を果たしている。

もしも化石中のアミノ酸が繋がっていて、タンパク質の状態で見つかれば、そのアミノ酸配列から、ある程度は真偽を判定することができる。たとえば、ヒトとチンパンジーでは、同じ種類のタンパク質であっても、アミノ酸配列が少し違う場合が多い。したがって、アミノ酸配列がわかれば、そのタンパク質がヒトのものかチンパンジーのものかが判定できることになる。

つまり、チンパンジーの化石からヒトのタンパク質が検出されれば、それは外部から化石に混入したものと解釈されるし、チンパンジーの化石からチンパンジーのタンパク質が検出されれば、それは化石になった生物そのものに由来する可能性が高くなる、というわけだ。

ただし、アミノ酸配列による真偽判定には限界がある。実際問題として、化石の中にタンパク質が完全な形で残っていることは、ほとんどない。残っていたとしても、それはタンパク質の一部分である。その、残っていた部分のアミノ酸配列がヒトとチンパンジーで違っていればよいが、もし共通であれば、そのタンパク質がヒトとチンパンジーのどちらに由来するのかを決めることができない。

さらに、細菌などからの混入も考えれば、事情はもっと複雑になる。また、検出されたアミノ酸配列が短ければ、そもそもタンパク質の種類さえわからないかもしれない。

以上のように、化石中のアミノ酸が繋がった状態で見つかっても、なかなか真偽判定は難しい。ましてや、バラバラの遊離アミノ酸の状態で見つかった場合は、真偽判定をすることは不可能だろう。

エドマン分解

さきほど紹介したアベルソンやブリッグスの研究では、3～7種類のアミノ酸が検出されていたが、その中にはいつもグリシンとアラニンが含まれていた。この二つはもっとも小さいアミノ酸で、検出もしやすいけれど混入もしやすいアミノ酸である。

私は以前、貝殻から抽出したタンパク質のアミノ酸配列を調べたことがある。そのときに使ったのはエドマン分解といって、タンパク質の端から順番にアミノ酸を決定していく方法だ。条件にもよるが、だいたい端から20番目ぐらいまでアミノ酸を決めることができた。

最初のうちはデータもクリアなので、はっきりとアミノ酸を決めることができる。しかし、20番目ぐらいになるとだんだんデータもぼやけてきて、どのアミノ酸かをはっきり決めることができなくなる。そこで、そのあたりで機械を止めるわけだが、いつ機械を止めるかという基準の一つがグリシンだった。たとえば、19番目のアミノ酸がグリシンだったら、そこで機械を止めて、18番目までのデータを使うのだ。なぜなら、グリシンはもっとも検出しやすいアミノ酸なので、外部から混入したり、機械の内部に残っていたりした場合に、検出してしまう可能性が高いからだ。

もちろん、そういうことがないように、細心の注意を払って実験をしていたけれど、それでも私はグリシン基準にしたがっていた。機械をスタートさせたばかりで、データがクリアなときはともかく、15番目あたりから後でグリシンが出てきたら、かならずそこで機械を止めていたのである。そこまで気を使っていた理由は、エドマン分解の結果が間違っていた例を何度も聞いたことがあったからだ。

現生生物の繋がったアミノ酸を調べるときでも、このように混入の可能性は捨てきれない。ましてや、長い時を経た化石の遊離アミノ酸の場合は、混入が起きていない可能性はほとんどないだろう。デボン紀やカンブリア紀の化石に対するアミノ酸分析は、生物の進化についての研究としてみた場合は、ほとんど意味がなかったといえそうだ。

骨はカルシウムの貯蔵庫

ところで、一口に化石からDNAやタンパク質やアミノ酸を検出するといっても、それがDNAか、あるいはタンパク質やアミノ酸かによって少し事情が異なる。また、その化石が骨か貝殻かによっても話が違ってくる。このあたりは見過ごされることが多いけれど、少し説明しておこう。

私たちヒトには、およそ200個の骨がある。骨は、関節を挟んでお互いに連結しており、それぞれの骨には筋肉が付着している。この、骨に付着している筋肉を、骨格筋という。骨格筋が収縮すると骨が動くので、私たちは運動することができる。そのため、骨と骨格筋を合わせて、運動器系ということもある。また、骨には体を支える働きや、体の重要な部分を保護する役目もある。たとえば、脳は頭蓋骨（ずがいこつ）が、脊髄（せきずい）は脊椎（せきつい）が、肺や心臓は肋骨（ろっこつ）が保護している。

これらの運動、支持、保護といった機能はとても大切なので、つい、それらにばかり目が行ってしまう。そして、骨の本来の機能を忘れてしまう。しかし、おそらく骨は、最初はカルシウムの貯蔵庫として進化したのである。

考えてみれば、骨の主成分はリン酸カルシウムであるし、私たちの体内にあるカルシウムの99パーセントは骨に存在している。したがって、骨はカルシウムの貯蔵庫としての資格を十分に備えている。

カルシウムは、私たちが生きていくうえで、とても重要な働きをしている。たとえば、運動するためには、脳から筋肉へ神経細胞が情報を伝えて、筋肉を収縮させなくてはならない。ところが、神経細胞が情報を伝えるためにも、筋肉が収縮するためにも、カルシウムは重要な役目を果たしている。さらに、傷口の血液を固めるときにも、カルシウムが必要だ。

しかし、カルシウムが必要になってから、カルシウムが含まれている食物を食べたのでは間に合わないだろう。それに、いつもカルシウムを含んだ食物が、周りにあるとも限らない。もしも体内にカルシウムがなくなってしまったら、筋肉が動かせないので、そもそもカルシウムを探しに行くことすらできなくなってしまう。そのため、体の中にカルシウムを貯めておく方が安心なのだ。そこで、骨が進化したというわけだ。

骨形成と骨吸収

とはいえ、骨がカルシウムの貯蔵庫だと言われても、今一つピンとこない向きもあるかもしれない。しかし、ビタミンDなどの、カルシウムを調節するホルモンの働きを考えれば、直感的にも納得できるのではないだろうか。

カルシウムは食物から吸収されるが、カルシウムを腸で吸収するときにはビタミンDが必要である。また、尿の中にカルシウムが溶けて排出されてしまうともったいないので、腎臓で尿を作るときに、カルシウムを尿から再吸収する働きもある。このため、ビタミンDが不足すると、カルシウム不足となって、骨が脆(もろ)くなる。ちなみに、ビタミンDは皮膚に紫外線が当たることによって合成される。骨を丈夫にするには日光浴が有効だ、と言われるのはこのためである。

このように、ビタミンDには骨を丈夫にする働きがあるが、具体的には2通りの方法で、骨に働きかけている。一つは血液中のカルシウムを骨に沈着させる骨形成(こっけいせい)によって、もう一つは骨のカルシウムを血液中に遊離させる骨吸収(こつきゅうしゅう)によって、である。

でも、何だか変な話だ。骨形成は骨のカルシウムを増やし、骨吸収は骨のカルシウムを減らすのだから、両者は反対の働きである。骨形成だけを行えば骨が丈夫になりそうな気がするけれど、骨形成と骨吸収の両方を行ったら意味がないのではないだろうか。骨にカルシウムを付けてから取るぐらいなら、最初から何もしなければよいではないか。囚人に穴を掘っては埋めさせる拷問（ごうもん）があったが、何だかそれを思い出してしまう。

とはいえ、もちろんビタミンDがしていることには意味がある。じつは骨は、いわゆるスクラップ・アンド・ビルド状態にあるからだ。つまり、いつも古くなった部分を壊して、新しく作り直しているのだ。このようなリモデリング（再構築）が行われないと、骨は脆くなってしまうことが知られている。そして、骨をリモデリングするためには、骨形成と骨吸収の両方を行う必要があるのである。

実際には、カルシウムを調節するホルモンはビタミンDの他にもあり、それらの働きも合わせて骨形成と骨吸収を調節している。

血液中のカルシウム

ここまでは、骨に注目して説明してきたが、今度は血液に注目してみよう。骨形成や骨吸収をするということは、裏を返せば、血液中のカルシウム濃度を増減させることになるからだ。

骨の中には血管がたくさん通っている。前述したとおり、この血管から骨にカルシウムが移動するのが骨形成で、反対に骨から血液にカルシウムが移動するのが骨吸収だ。つまり、骨形成をすれば血液中のカルシウムは減り、骨吸収をすれば血液中のカルシウムは増えることになる。

ところが、この血液中のカルシウムは、じつは一定の濃度になるように調節されている（血液の液体成分1リットル中のカルシウムイオンは約100ミリグラム）。これは、さきほど述べたように、体の中のさまざまな場面でカルシウムが重要な働きをしているからだろう。血液中のカルシウム濃度が大きく変化すると、細胞がカルシウムを使うときにも不便だし、そのカルシウムを使う細胞自体のカルシウム濃度も変化してしまい、場合によっては致命的な影響が出るからだ。

そのため、骨形成と骨吸収の重要な役割は、血液中のカルシウム濃度を調節することである。骨形成や骨吸収の速さや割合を調節しながら、血中カルシウム濃度を一定にしているわけだ。

つまり、骨形成と骨吸収には、骨を丈夫にする役割と、血中カルシウム濃度を一定にする役割があるのだが、両者はしばしば対立する。たとえば、血中カルシウム濃度が低めなら骨吸収を増やさなくてはならないが、そのとき骨のリモデリングの方では、骨形成を増やそうとしているタイミングかもしれない。そういうときは、血中カルシウム濃度の方が優先されるようだ。その根拠は、血中カルシウム濃度がかなり正確に一定に保たれていることである。

もし、血中カルシウム濃度の恒常性が、骨のリモデリングよりも優先されるのならば、前者の方が生命活動にとって本質的であり、先に進化していた可能性が高いと考えられる。おそらく骨は、最初はカルシウムの貯蔵庫として進化したのだろう。

骨の中には細胞がある

さて、骨形成や骨吸収の話が長くなってしまったが、話を先に進めよう。この、骨形成や骨吸収は、それぞれ専門の細胞が行っている。骨形成は骨芽(こつが)細胞が、骨吸収は破骨(はこつ)細胞が担当しているのである。これらの細胞は、もちろん骨の中にある。

また、骨と血管の間でカルシウムをやり取りする話もしたが、その血管も、もちろん骨の中にある。そして、血液の中には白血球のような細胞が存在する。つまり、骨の中には、かなりの数の細胞があることになる。

細胞があれば、その中にはＤＮＡもタンパク質も存在する。動物の細胞であれば、ＤＮＡは核とミトコンドリアの２ヵ所に存在するが、ほとんどのＤＮＡは核の中にある。たとえば、ヒトの場合は、塩基配列の長さで比べると、核の中のＤＮＡは約60億塩基対、ミトコンドリアの中のＤＮＡは1万６５６９塩基対である。ミトコンドリアＤＮＡは核ＤＮＡの数十万分の１の長さしかないのだ。

ただし、一つの細胞の中には、ミトコンドリアが数千個ある（もっと多いこともある）ことがふつうだし、一つのミトコンドリアの中にも、DNAが5〜6個あることが多い。したがって、一つの細胞の中には、たいていミトコンドリアDNAが、1000コピー以上あることになる。

そのため、数でいえば、核DNAよりミトコンドリアDNAの方がずっと多い。これは、古代DNAの研究においては、大きな利点になる。そのため、とくに初期の研究では、核DNAよりもミトコンドリアDNAを扱ったものが多かったのである。

タンパク質は細胞の外にもある

さて、次はタンパク質について考えてみよう。タンパク質はDNAの情報にしたがって作られる。

具体的には、まず核の中にあるDNAの情報にしたがって、メッセンジャーRNAが合成される。それからメッセンジャーRNAは、核の外に出てくる。核の外側を細胞質というが、その細胞質の中にリボソームという構造があり、メッセンジャーRNAはそのリボソームに結合する。リボソームでは、メッセンジャーRNAの情報にしたがってアミノ酸を並べて、そのアミノ酸同士を結合させることによってタンパク質を合成するのである。

作られたタンパク質は細胞内でも使われるが、細胞外へ運ばれるものも多い。細胞外へ運ばれるものの多くは、細胞外マトリックスの材料となる。細胞外マトリックスとは、細胞の外側にある構造のことで、おもにタンパク質と多糖類からできている。ちなみに、骨を作っている硬いリン酸カルシウムも、細胞外マトリックスの一つである。

脊椎動物においては、コラーゲンというタンパク質が有名で、さまざまな細胞外マトリックスの主成分となっており、骨の中にもかなりの量が存在する。私たちの体の中のタンパク質の25〜30パーセントがコラーゲンと言われており、一番たくさんあるタンパク質でもある。

コラーゲンには多くの種類があるが、おもなコラーゲンは繊維状で、67ナノメートル（1ナノメートルは１００万分の１ミリメートル）ごとに縞模様がある。これは電子顕微鏡を使えば観察できるので、この縞模様が観察されれば、コラーゲンであることの証拠とされる。化石中のタンパク質を研究するときにも、この縞模様を見つけることによって、コラーゲンと同定することが多いようである。

貝殻の中に細胞はない

さて、骨の話はこれぐらいにして、次は貝殻について考えてみよう。貝殻といえば、ふつうは二枚貝や巻貝などの軟体動物の貝殻を指すし、化石としても軟体動物はよく見つかるので、ここでは軟体動物の貝殻を想定して話を進めよう。

軟体動物の体は、外套膜という薄い膜で覆われているが、この外套膜によって貝殻は作られる。貝殻の成長の仕方は付加成長といって、貝殻の外側に新しい貝殻が付け加えられることによって作られていく。したがって、現在の貝殻の中には、若いときの貝殻が、成長段階ごとにすべて含まれていることになる。そのため、貝殻の断面を観察すれば、過去の成長の過程を追うことができるのである。

つまり、貝殻は、骨のようなスクラップ・アンド・ビルド状態ではない。貝殻に穴が開いたときなどに修復することはあるけれど、基本的には作ったら作りっぱなしである。外套膜の細胞が、外側から貝殻を付け加えていくだけなので、貝殻の中には細胞は存在しない。貝殻全体が細胞外マトリックスなのである。

骨の硬い部分はリン酸カルシウムだが、貝殻の硬い部分は炭酸カルシウムだ。そして、炭酸カルシウムの間に、外套膜から分泌（ぶんぴつ）されたタンパク質が挟まる構造をしている。このタンパク質がカルシウムイオンなどと相互作用をして、貝殻を形成すると考えられている。[4] また、タンパク質が炭酸カルシウムの間に挟まることによって、貝殻の強度が増すことも確認されている。

骨と貝殻の違い

ここまでの話をまとめよう。

まず、細胞は、骨にはあるが貝殻にはない。しかしタンパク質は、骨にも貝殻にもある。

次に、細胞の中にはDNAもタンパク質もある。しかし、細胞の外にはタンパク質はある

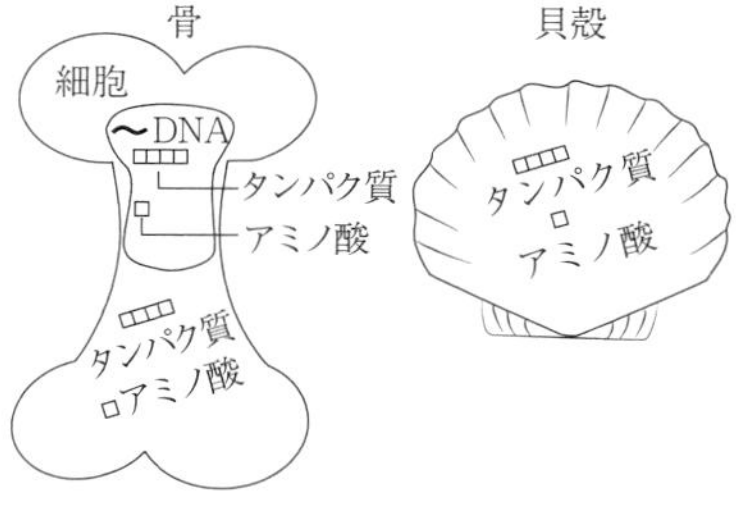

がDNAはない。

最後に、アミノ酸はタンパク質の構成成分なので、タンパク質があるところには、つねにアミノ酸が存在する（ちなみに、私たちの細胞や血液中には、バラバラになった遊離アミノ酸も存在する）。

図表2　骨と貝殻の生体分子

何だかややこしいけれど、図で示せば簡単だろう（図表2）。以上は、古代DNAや化石タンパク質を考えるときに、基本となる事実である。アベルソンらの時代には、骨だけでなく、貝殻もたくさん研究されていた。それは、アミノ酸を研究対象としていたからだ、ということが図を見ればわかる。

そもそも化石としては、骨より貝殻の方がずっとたくさん見つかる。だから、進化の研究材料としては、骨より貝殻の方が、本来は適しているのだ。しかし、DNAを研究するとなると、貝殻には含まれていないので、骨を研究することになるのである。

アミノ酸分析

さきほど述べた1950年代のアベルソンらの研究では、化石からアミノ酸を検出していた。そして、アミノ酸を検出しても真偽性を確認できないことは、すでに述べた。しかし、問題は他にもある。もしも、そのアミノ酸が化石になった生物に由来していたとしても、アミノ酸だけでは情報があまり得られないのだ。

さて、本書の最初で『桑潟幸一准教授のスタイリッシュな生活』という小説の話をしたが、その小説の冒頭はこんな感じである。

> クワコーこと、桑潟幸一准教授が、千葉県の権田市にある「たらちね国際大学」に赴任したのは、今年の四月、桑幸、齢四〇、不惑の春であった。

この文は、読めば意味がわかるけれど、一文字ずつバラバラに分解したら、意味がわからなくなってしまう。つまり、少し乱暴なたとえだが、タンパク質は「文」のようなもので、アミノ酸はバラバラになった「文字」のようなものだろう。

とはいえ、バラバラになった文字しか手に入らなければ、何とかして、そこからわかる限りの情報を引き出さなくてはならない。たとえば、この文は57字から成る（句読点とカギ括弧を除く）が、その中で一番多く使われている文字は「の」と「た」で、それぞれ4回と3回使用されている、などと分析していくわけだ。このようにして、アミノ酸の組成や含有量を調べることを、アミノ酸分析という。

バラバラになった文字が持つ情報量は、繋がった文字（＝文）が持つ情報量よりもずっと少ない。それと同じで、アミノ酸分析でわかることは、タンパク質のアミノ酸配列からわかることより、ずっと少ないのである。

貝殻の酸性タンパク質

ただし、アミノ酸分析にも意味がないわけではない。私自身も、アミノ酸分析を行ったことがあるし、そこから有用な情報を得たこともある。たとえば、貝殻の中にあるタンパク質についてアミノ酸分析を行うと、アスパラギン酸が非常に多いことがわかる。アミノ酸は20種類なので、平均的に考えれば、アスパラギン酸は全体の５パーセントぐらいになるはずだが、貝殻の場合は30パーセント以上ということも珍しくなく(5)、場合によっては60パーセントを超えることさえある(6)。

アスパラギン酸というのは、ＤＮＡで指定される20種類のアミノ酸のうちの一つで、酸性のアミノ酸である。小学校や中学校でも溶液についての「酸性」は習うが、アミノ酸の「酸性」というのは、それとは（関連はあるが）少し違うので、ややこしい。

溶液が酸性であるというのは、溶液の水素イオン（H^+）濃度が水酸化物イオン（OH^-）濃度よりも高い状態のことである。pH（ピーエイチ）（水素イオン濃度指数）で表せば、７より小さい値で表現される。ちなみに、水素イオン濃度と水酸化物イオン濃度が等しければ、中性（pH＝７）だ。

次は、アミノ酸について考えよう。アミノ酸には、アミノ基（$-NH^{2}$）とカルボキシ基（$-COOH$）が、少なくとも一つずつ付いている。このアミノ基がプラスに荷電（かでん）（電気を帯びること）したり（$-NH^{3+}$）、カルボキシ基がマイナスに荷電したり（$-COO^{-}$）することによって、アミノ酸は、プラスになったりマイナスになったりするのである。

アミノ酸がプラスになるかマイナスになるかは、周囲の溶液のpHによる。したがって、pHを調節することによって、アミノ酸の電荷をちょうどゼロにすることもできる。アミノ酸の電荷がゼロになるpHを、等電点（とうでんてん）という。この等電点はアミノ酸の種類によって異なり、等電点が7より小さいアミノ酸のことを、酸性アミノ酸というのである。

ただし、実際には、等電点が7より小さくても、5より大きければ、中性アミノ酸と呼ぶのが慣例である。酸性アミノ酸というのは、等電点が3ぐらいのアスパラギン酸とグルタミン酸の二つである。

つまり、貝殻に多いアスパラギン酸は酸性のアミノ酸で、pHが3ぐらいのときに電荷がゼロになる。そこからpHを少しずつ上げていくと、マイナスの電荷を持ち始める。海水のpHは8ぐらいなので、そこではアスパラギン酸はマイナスに荷電していることになる。湖水はさまざまなpHを示すけれど、3を下回ることは滅多にないので、やはりアスパラギン酸はマイナスに荷電していることになる。

貝殻を作るときには、材料としてカルシウムが必要になる。カルシウムは、ふつう水中ではプラスに荷電していて、カルシウムイオン（Ca^{+}）になっている。このカルシウムイオンを効率的に取り込むために、マイナスに荷電したアスパラギン酸が役に立っていると考えられている。

詳細はまだ解明されていないが、たとえば以下のようなシナリオが考えられる。軟体動物の体を包む外套膜から、アスパラギン酸を多く含む酸性タンパク質が分泌される。その酸性タンパク質が、カルシウムイオンと何らかの相互作用をすることにより、貝殻が形成される[4]。その結果、酸性タンパク質は貝殻の内部に取り込まれて、今度は貝殻の強度を増す役割を果たすことになる。

貝殻中の酸性タンパク質が初めて同定されたのは１９９８年[7]だが、１９７０年代からその存在は予想されており、その働き方について、さまざまな仮説やモデルが発表されていた。それらの基になったデータは、すべてアミノ酸分析の結果によるものであった。アミノ酸配列に比べれば情報量が少ないとはいえ、もちろんアミノ酸分析から有用な情報が得られることもあるのである。

ちなみに、酸性アミノ酸としては、アスパラギン酸の他にグルタミン酸もある。しかし、貝殻の酸性タンパク質に含まれているのはほとんどがアスパラギン酸で、グルタミン酸はあまり含まれていない。これは不思議なことで、ふつうに考えれば、どちらでもよさそうに思える。

ただし、アミノ酸分子の構造から考えると、アスパラギン酸とグルタミン酸では、マイナスの電荷の配置が異なる。もしかしたら、何らかの理由で、その配置を合わせる必要があるために、どちらか1種類のアミノ酸に揃(そろ)えなくてはならないのかもしれない。そして、それが、たまたまアスパラギン酸だった可能性はあるだろう。

第2章　マンモスや恐竜という夢へ

マンモスとは

1970年代後半になると、アミノ酸分析ではなく、免疫学的な手法（これについては後で説明する）を使って、化石中のタンパク質の検出が試みられるようになった。そして実際に、軟体動物や哺乳類（ほにゅうるい）の化石から、いくつかのタンパク質が報告された。そして1980年には、マンモスの化石からアルブミンというタンパク質が検出されることになる。

マンモスは本書の後半でも話題になるので、ここで簡単に説明しておこう。マンモスは絶滅したゾウの仲間である。一般的には、体が長い毛で覆われて、大きく湾曲した牙を持ったゾウというイメージが持たれているが、それはマンモスの中の一種であるケナガマンモスのイメージだ。マンモスにはいくつかの種類があり、その中には体が毛で覆われていないものもいた。

トロゴンテリーゾウも、そういう種の一つで、体は長い毛で覆われていなかった。ステップマンモスとかムカシマンモスとか呼ばれることもあり、ケナガマンモスの直接の祖先と考えられている。非常に大きなゾウで、肩高（けんこう）（足の先から肩までの高さ）は4・5メートルもあり、現生のアフリカゾウ（肩高は約3・5メートル）やアジアゾウ（肩高は約3メートル）よりもはるかに大きかった。中国で見つかった、肩高5メートルを超える史上最大のゾウである松花江（しょうかこう）マンモスは、このトロゴンテリーゾウだと考えられている。

約40万年前にこのトロゴンテリーゾウから進化したのが、ケナガマンモスである。マンモスというと巨大なイメージがあるが、ケナガマンモスはトロゴンテリーゾウよりもかなり小さく、肩高は約3メートルあまりだ。現生のアフリカゾウとアジアゾウの中間ぐらいの大きさだったらしい。毛皮や小さい耳などの寒冷地に適応した特徴を持ち、首から肩にかけて分厚い脂肪を蓄えていた。寒冷地の冬は食料が乏しくなるので、そのための備えだったのだろう。ケナガマンモスはかなり広い範囲に生息しており、ヨーロッパからシベリアを経て、北アメリカまで分布していた。日本でも、北海道や島根沖の日本海からケナガマンモスの化石が産出している。

ちなみに現在は、アジアと北アメリカはベーリング海峡によって分断されているが、氷期には海岸線が下がって陸続きになっていた。この陸続きになっていた部分をベーリング地峡（あるいはベーリンジア）という。ケナガマンモスはベーリング地峡を歩いて、アジアから北アメリカへ分布を広げたと考えられている。

最後のマンモス

ケナガマンモスは、最終氷期のもっとも寒かった時代（約2万1000年前）の直後（約2万年前）から減り始めた。そして、シベリアや北米大陸では、約1万1000年前に絶滅したと考えられている。しかし、シベリアの北東にある北極海の島、ウランゲリ島では、およそ3700年前までマンモスが生存していたようだ。エジプトのギザに大ピラミッドが建造されたのが約4500年前なので、そのときはまだマンモスが地球上に生息していたことになる。

もともとウランゲリ島は、シベリアと陸続きだった。ところが、氷期が終わって気候が温暖になったことにより、海面が上昇した。そのため、1万年ほど前にシベリアと切り離されて、離島となった。その結果、もともとそこに棲んでいたマンモスが、取り残されてしまったらしい。

ウランゲリ島は、面積が約8000平方キロメートルで、シベリアから100キロメートル以上離れた孤島である。このような孤立した島では、しばしば大きな動物が小型化したり、小さな動物が大型化したりすることが知られている。たとえば、ゾウが小さくなったり、ネズミが大きくなったりするわけだ。このような現象を島嶼化という。何だか不思議な現象だけれど、これは捕食者と食料による自然淘汰(とうた)の結果として理解することができる。

大きな動物の場合、体が大きいことは捕食者に対する防御になるが、その代わりたくさん食べなくてはならない。もしも、島に捕食者がいなければ、体が大きいことのメリットはなくなるし、島が小さくて食料が少なければ、たくさん食べることはデメリットになる。したがって、体が小さい方が有利になり、小型化するような進化が起きる。

一方、小さな動物の場合、体が小さい方が捕食者に見つかりにくいし、見つかったときにも狙(ねら)われにくい。ということは、もしも捕食者がいなければ、体が小さいことのメリットはなくなるわけだ。体が大きい方が同種内の競争では有利なことが多いし、もともと体が小さいので、少しぐらい体が大きくなって食べる量が増えても、たいして不利にはならない。したがって、体が大きい方が有利になり、大型化するような進化が起きる。

ケナガマンモスも例外ではなかった。大陸から切り離されて、ウランゲリ島に取り残されたケナガマンモスは小型化して、肩高が1・8メートルほどになってしまったのである。このような島嶼化によるマンモスの小型化は、ウランゲリ島だけでなく、アラスカの南東にあるベーリング海のセントポール島や、地中海のクレタ島でも認められる。セントポール島のマンモス（マムーサス・エクシリス）は肩高が約1・5メートル、クレタ島のマンモス（マムーサス・クレティクス）に至っては肩高が1メートルほどしかなかった。

ただし、ウランゲリ島については、ホッキョクグマという捕食者がいた可能性があるので、その場合はさきほどの説明が、そのままでは成り立たないかもしれない。実際のところ、島嶼化は複雑な現象なので、割り切った説明では理解しにくいケースもあるようだ。

抗原抗体反応

さて1980年に、マンモスの化石から免疫学的な手法でタンパク質が検出されたわけだが、免疫学的な手法についても簡単に説明しておこう。ここでの免疫学的な手法というのは、具体的には抗体を使う方法を指している。

何らかの意味で、体になじまないものを異物というが、免疫というのは、異物を体から除く働きのことである。異物には花粉なども含まれるけれど、病原体を指すことが多いので、ここでは病原体を想定して説明しよう。

病原体が私たちの体に侵入すると、白血球の一種であるB細胞が抗体を産生する（細胞が何かを作るときは「生産」ではなく「産生」という）。そして、抗体は病原体に結合することによって、病原体のさまざまな活動を阻害して、体を守るのである。

病原体にはさまざまな種類がある。そのため、それぞれの病原体にきちんと結合できるような専門化した抗体を用意するとなると、莫大な種類の抗体が必要になる。そんなにたくさんの抗体を用意することは不可能に思えるけれど、驚くべきことに、私たちの体はきちんとそれをやってのける。私たちのB細胞は、数十億種類もの抗体を作り出せるのである。

このように、どんな病原体にも結合できるという抗体の性質を利用して、タンパク質に結合する抗体を作り、化石の中のタンパク質を検出しようというわけだ。ちなみに抗体自身も、免疫グロブリンと呼ばれるタンパク質である。

抗体が結合する相手を、抗原という。抗原は、病原体と考えてだいたい正しいが、正確には病原体の一部である。抗原は、特定の分子構造を認識して結合するので、病原体の表面にその構造があれば、そこにだけ結合する。ただし、抗体にはさまざまな種類があり、結合する分子構造もそれぞれ異なるので、抗体が何種類かあれば、病原体の表面の何ヵ所かに結合することになる。

抗体が結合する抗原は、単なる分子構造なので、実際には病原体の一部でなくてもよい。花粉の一部でもタンパク質の一部でもよい。とにかく、抗体が結合する部分を抗原というわけだ。

抗体の作製

1977年の夏、シベリアの永久凍土から、氷漬けになったケナガマンモスの赤ちゃんの化石が発見された(化石というと、鉱物化した石みたいなものを思い浮かべる人が多いが、氷漬けの遺骸やミイラのことも、広い意味では化石と呼ぶ)。このマンモスの赤ちゃんはディーマと名づけられ、およそ4万年前に死んだことが明らかになった。このディーマに注目したのが、アラン・ウィルソンだった。

アラン・ウィルソン（１９３４〜91）はニュージーランド生まれの分子生物学者で、アメリカのカリフォルニア大学バークレー校で研究をしていた。ウィルソンがディーマに注目した理由は、永久凍土から発掘されたのち、すぐに研究室で冷凍されたからである。ディーマは解凍されたり腐敗したりしたことがほぼない、初めてのマンモスだったのだ。

当時は、アメリカとソ連が政治的に対立していた、いわゆる冷戦の時代だったが、幸運なことに、マンモスに関する共同研究が実現した。そして、マンモスの肢の筋肉の一部がドライアイスに詰められて、ソ連からカリフォルニアに送られてきたのである。

ウィルソンのもとで研究をしていたエレン・プラーガーらは、マンモスの筋肉組織を溶液に溶かして、ウサギに注射した(8)。マンモスの筋肉組織はウサギにとって異物なので、ウサギは体内で抗体を作り始める。３ヵ月ほど経つと、ウサギの血液の中に十分な抗体ができる。抗体はB細胞という白血球で作られるが、B細胞は血液の中にあるので、抗体も血液の中で作られるのである。このような、抗体を含んだ血液のことを抗血清という。実験では、抗体の代わりに、この抗血清を使うことが多い。

ちなみに、血清というのは、血液から凝固成分を除いたものである。実験中に血液が固まってしまうと面倒なので、実験では血液そのものでなく血清を使うことがふつうである。

抗体が反応する仕組み

さきほど、タンパク質とアミノ酸の情報量の違いを説明するために、『桑潟幸一准教授のスタイリッシュな生活』の冒頭の文を引用した。そして、タンパク質は「文」のようなもので、アミノ酸はバラバラになった「文字」のようなものだと述べた。それでは、抗体の場合はどうなのだろうか。

抗体の場合は、タンパク質の一部を認識して結合する。つまり、文でたとえれば、繋がった5～6文字を認識するようなものだろう（より正確にいえば、抗体は、文字の配列を認識するのではなく、文字の配列が作る立体構造を認識する）。

たとえば、さきほど引用した、

クワコーこと、桑潟幸一准教授が、千葉県の権田市にある「たらちね国際大学」に赴任したのは、今年の四月、桑幸、齢四〇、不惑の春であった。

という文であれば、抗体は、たとえば「准教授が、千葉」という部分だけを認識して結合するわけだ。したがって、情報量としては、タンパク質（つまりアミノ酸配列）とバラバラのアミノ酸の中間ということになる。

しかし、ウサギに抗体を作らせれば、抗体は何種類もできる。つまり、「准教授が、千葉」だけでなく、「たらちね国際」とか「不惑の春」とかに結合する抗体もできるのである。

抗体が反応する強さ

クワコーを主人公とする小説の続編『黄色い水着の謎』の冒頭は、こんな感じだ。

クワコーこと桑潟幸一准教授が、千葉県は権田市にあるたらちね国際大学で教えはじめて最初の学期が終わろうとしていた。

何だか前作の文と似ているけれど、よく読むと少し違う。この文に、さきほどの抗体を反応させてみよう。すると、結合する抗体もあるけれど、結合しない抗体もあることがわかる。「准教授が、千葉」や「たらちね国際」を認識する抗体は、両方の文に結合するけれど、「不惑の春」を認識する抗体は、最初の文にしか結合しないのだ。

たくさんの抗体が結合することを、抗原抗体反応では「強く反応する」といい、少ししか抗体が結合しなければ「弱く反応する」という（正確にいえば、それぞれの抗体が結合する強さも反応の強さに影響するけれど、ここでは単純化するために無視しよう）。この性質を使えば、マンモスの化石からタンパク質を検出するだけでなく、そのタンパク質が本来のマンモスに由来するかどうかを、つまりタンパク質の真偽を、ある程度は確かめることができるのである。
マンモスのタンパク質に対して作った抗体は、当たり前だが、マンモスのタンパク質に強く反応する。しかし、たとえば現生のアジアゾウのタンパク質には、それより弱く反応する。マンモスとアジアゾウは両方ともゾウの仲間なので、系統的に近縁であり、タンパク質のアミノ酸配列も似ていると考えられる。しかし、同じ種ではないので、少しはアミノ酸配列も違うはずだ。そのため、結合できる抗体の数が、少し減るのである。

次に、マンモスのタンパク質に対して作った抗体を、ヒトのタンパク質に作用させることを考えよう。その場合、反応はかなり弱くなるはずだ。系統的に考えると、マンモスとヒトはかなり遠縁なので、マンモスとヒトでは、タンパク質のアミノ酸配列がかなり異なる。そのため、結合できる抗体の数が、さらに少なくなるからだ。

つまり、抗体の反応は、系統的に近縁なほど強くなるのである。実際に、プラーガーらが作った抗体は、現生の動物ではゾウの仲間にもっとも強く反応し、系統的に離れるにつれて、反応は弱くなっていった。したがって、プラーガーらが抗体を作るためにウサギに注射した抗原は、ゾウの仲間のタンパク質である可能性が非常に高い。また、マンモスが発掘されたシベリアや、研究が行われたカリフォルニアで、アフリカゾウやアジアゾウのタンパク質が混入する可能性はかなり低い。したがって、約4万年間永久凍土に埋まっていたマンモスの赤ちゃんであるディーマには、本物のマンモスのタンパク質が残っていた可能性が高いといえる。

もっとも、抗体反応と系統の関係は、かなり大ざっぱなものである。系統的に近縁なタンパク質ほど、抗体が強く反応する傾向があるのは事実だけれど、それほど厳密なものではない。たとえば、ディーマのタンパク質に対する抗体を使って、マンモスと現生のゾウの関係を調べた研究では、マンモスはアフリカゾウともアジアゾウとも同じくらい近縁だと結論されている[9]。しかし、現在の知見によれば、マンモスはアフリカゾウよりもアジアゾウに近縁であることが、ほぼ確実である。抗体反応を使った当時の研究では、そこまで正確な結論は出せなかったのである。

ちなみに、プラーガーがマンモスから検出したタンパク質は、やはり抗体を使った実験によって、大部分がアルブミンと同定されている。これは、血液中にもっとも多いタンパク質なので、マンモスから検出されても違和感はない。4万年という時間を経ても残っているタンパク質があるとすれば、それは量の多いタンパク質である可能性が高いからだ。

また、アルブミンは、タンパク質として完全な形で残っていたわけではなく、ところどころでペプチド結合が切れて、断片化していた（ペプチド結合は、アミノ酸とアミノ酸を繋いでいる結合で、共有結合の一種である）。これも、4万年も前のタンパク質であることを考えれば、無理もないことだろう。

琥珀への注目

『ジュラシック・パーク』という小説が1990年に出版され、同名の映画も1993年に封切られた。これは、琥珀の中に保存されていた大昔の蚊から恐竜のDNAを抽出して、恐竜を復活させる物語で、もちろんフィクションだ。

しかし、フィクションにもかかわらず、『ジュラシック・パーク』が大ヒットしたために、古代DNAが長期間にわたって保存される可能性がある場所として、琥珀が注目されるようになっていく。それは、マスコミを含む社会に影響を与えただけでなく、実際の研究にも大きな影響を及ぼしたのである。

とはいえ、琥珀のアイデアは、『ジュラシック・パーク』の著者であるマイケル・クライトンのオリジナルではない。そのアイデアは、すでに何人かの人が考えついていただけでなく、実際に研究も行われていた。クライトンは、そのアイデアを、広く社会に宣伝する役割を果たしたのである。

チャールズ・ペレグリーノ（1953〜）はアメリカの作家で、SF小説『ダスト』（白石朗訳、ソニーマガジンズ）や、タイタニック号の探査に参加した記録である『タイタニック百年目の真実』（伊藤綺訳、原書房）などが邦訳されている。

ペレグリーノはニューヨーク州にあるロングアイランド大学で修士号を取得したようだが、博士号は取得していないらしい。ペレグリーノ自身は、ニュージーランドのヴィクトリア大学ウェリントンで動物学の博士号を取得したと言っているが、大学側はそれを否定しているからだ。

少し怪しい人物のようにも思えるが、非常に博識であることは間違いない。その知識は、時間的には太古から未来へ、空間的には微小から宇宙へと広がり、その発想は科学から宗教へと留まることなく駆け巡った。

１９７０年代後半のことである。ペレグリーノのもとに、ニュージャージー州で発掘された白亜紀（約1億４５００万年〜６６００万年前）の琥珀が持ち込まれた。その中には、ときどき昆虫が封入されていた。とくに、約９５００万年前のハエが翅を大きく広げたまま琥珀に封入されている姿に、ペレグリーノは強い印象を持ったようだ。

琥珀の中の昆虫は、長い時を経ているにもかかわらず、まるで生きているかのような姿をしていた。そして、そのミイラ化した昆虫を顕微鏡で観察すると、内臓や細胞まで残っているように見えたのである。

そこで、ペレグリーノはこう考えた。細胞の構造まで残っているのなら、おそらくＤＮＡなどの分子も残っているかもしれない。そして、ペレグリーノの奔放な発想が、羽を広げはじめた。

もしも、琥珀の中に蚊が封入されていれば、その蚊は恐竜の血液を吸った可能性がある。もしも、恐竜の血液を吸っていれば、その血液が蚊の消化管の中に残っている可能性がある。

もしも、恐竜の血液が残っていれば、その中に恐竜のＤＮＡが保存されている可能性がある。もしも恐竜のＤＮＡが保存されていれば、そのＤＮＡを使って恐竜を復活させられる可能性がある。ペレグリーノは、こんなふうに考えたのである。

何だか、「風が吹けば桶屋(おけや)が儲(もう)かる」みたいな論理展開だけれど、ペレグリーノは真剣だった。このアイデアを論文にして、『スミソニアン・マガジン』に投稿したのである。しかし、アイデアだけでは論文として掲載するのは難しかったらしく、残念ながら掲載は見送られてしまった。

そこで、ペレグリーノは方向性を変えて、論文を専門誌ではなく、大衆向けの科学・ＳＦ雑誌である『オムニ』に投稿することにした。『オムニ』でようやく論文が受理されて、ペレグリーノのアイデアはやっと日の目を見ることになったのである。(10と11)

恐竜の絶滅

ところで、琥珀の中に保存された太古の昆虫から恐竜の血液を抽出するというアイデアを考えついたのは、ペレグリーノだけではないようだ。(12) たとえば、アメリカの皮膚科医であるジョン・トカーチだ。

トカーチは、免疫学に詳しくて、恐竜が大好きだった。そこで、トカーチは、恐竜が絶滅したのは免疫系が弱かったからだ、という仮説を立てた。新たな病原体が出現するたびに、恐竜はうまく対処することができず、数百万年をかけて絶滅した、というのである。あまりにも突飛な思いつきのようだが、トカーチなりの論理はあったらしい。

トカーチの論理は、おもに二つの観点から成る。一つ目は進化の観点だ。現在の知見では、鳥類が恐竜の子孫である（というか、鳥類は恐竜である）ことは確実と考えられている。ところが、トカーチの時代には、そうではなかった。鳥類が恐竜の子孫かどうかは、まだ論争されていたのである。しかし、トカーチは、時代に先駆けて、鳥類は恐竜の子孫であると考えていたようだ。つまり、トカーチは、

恐竜の祖先の爬虫類　↓　恐竜　↓　鳥類

というふうに進化が起きたと考えていたわけだ。

トカーチの論理の二つ目の観点は、免疫学からの観点だ。鳥類にはファブリキウス嚢（のう）という免疫システムにとって重要な器官があり、ここで抗体の多様性などが生み出される。このファブリキウス嚢は鳥類に特有の器官であり、他の動物にはない[13]。つまり、現生の爬虫類（はちゅうるい）にもファブリキウス嚢はない。昔のことはよくわからないけれど、現生の爬虫類にファブリキウス嚢がないのだから、おそらく過去の爬虫類にもファブリキウス嚢はなかっただろう。

そこで、ファブリキウス嚢について、以下のような進化が考えられる。

〈ファブリキウス嚢〉	無し		？		有り
	恐竜の祖先の爬虫類	→	恐竜	→	鳥類

恐竜にファブリキウス嚢があったかどうかはわからないので、いったんそれは脇に置いておくことにして、別の切り口から話を進めよう。

ファブリキウス嚢があれば、免疫力は強くなるだろう。だから、ファブリキウス嚢があるグループは生き残って、ファブリキウス嚢がないグループは絶滅する、そういうことが起きても不思議はない。したがって、次のようなシナリオも、あり得るかもしれない。

ファブリキウス嚢がない爬虫類から進化した恐竜には、最初はファブリキウス嚢がなかった。しかし、そのうちに、恐竜のあるグループがファブリキウス嚢を進化させて、強力な免疫システムを獲得した。つまり、恐竜の中には、ファブリキウス嚢があるものと、ないものがいたことになる。その後、何度も危険な感染症が恐竜を襲った。そのたびに、ファブリキウス嚢がない恐竜はうまく対処することができず、数を減らしていった。そして、ついには絶滅してしまい、ファブリキウス嚢がある恐竜だけが生き残った。それが鳥類だというのである。つまり、以下のような仮説である。

〈ファブリキウス嚢〉	無し	無し	有り
	恐竜の祖先の爬虫類	→ 恐竜	→ 鳥類

この仮説が正しければ、恐竜が絶滅したことについて、いちおう辻褄は合う。しかし、辻褄が合ったからといって正しいとは限らない。辻褄の合う仮説なんて、たくさんあるからだ。そこで、証拠が必要になる。トカーチが思いついた証拠は、恐竜のＤＮＡだった。ＤＮＡさえあれば（当時は無理でも将来的には）恐竜にファブリキウス嚢があるかどうかを調べることができるだろう。その証拠を手に入れるために、トカーチが考えついたのが琥珀のアイデアで、それはペレグリーノのアイデアとだいたい同じものであった。

この、琥珀の中に保存された太古の昆虫から恐竜の血液を抽出して、恐竜を復活させるというアイデアを、トカーチも論文にして、免疫学の専門誌に投稿した。しかし、ペレグリーノのときと同じように、やはり掲載は認められなかった。

必然の一致

それにしても、琥珀のアイデアを別々に思いつくなんて、少し不思議な気もする。そんな偶然が、あるものだろうか。

ペレグリーノやトカーチが琥珀のアイデアを考えていた頃、世界でもっとも優れた古生物学の教科書は、デイヴィッド・ラウプ（1933～2015）とスティーヴン・スタンレー（1941～）というアメリカの2人の古生物学者が著した『古生物学の原理』（1971年出版）であった。[14]

そこには、琥珀の中の昆虫の化石は、非常に保存状態がよいことが書いてあった。また、生物の遺骸は生物学的にも化学的にも破壊されるので、化石には軟体部がほとんど残らないことも書いてあった。当時は、DNAやタンパク質やアミノ酸が、長期間にわたって化石中に残ることはないというのが常識だったのである。しかし、その一方で、タンパク質やアミノ酸が化石中に残っている可能性を、ベアやアベルソンが示していたことは、すでに述べたとおりだ。

つまり、当時は、化石中にDNAなどが残っていないと一般には考えられていたにもかかわらず、実際には残っているかもしれない可能性が出てきた時代だった。大発見ができるかもしれないという夢のある時代だったのだ。そして、例外的に保存のよい化石が見つかる場所として、琥珀が教科書に載っていたのである。

そうであれば、古生物の中で圧倒的に人気の高い恐竜のDNAに思いを馳せてしまうのは、ヒトの性だろう。そして、琥珀の中なら、恐竜のDNAが残っているかもしれないと希望を抱いてしまうのも仕方のないことだろう。

しかし、琥珀というのは樹木の表面に染み出た樹脂が固まったものだから、その中に恐竜が閉じ込められるとは考えにくい。恐竜は大きすぎるのだ（現在では、小さな恐竜の頭骨が琥珀から発見されているが、当時はそういう可能性はないと考えられていた）。琥珀に閉じ込められるのは小さな動物で、トカゲやカエルなどいろいろなものがいるけれど、一番多いのは何といっても昆虫である。

では、どうするか。何とかして、昆虫と恐竜を結びつけることはできないか。ここまでくれば、恐竜の血液を吸った蚊が琥珀の中に閉じ込められる、というアイデアを思いつくのは、ある程度必然だろう。

蚊はDNAをすぐに消化する？

もっとも、このアイデアに異を唱える人もいる。その一人が、アメリカの分子系統学者であるロブ・デサール（1954〜）だ。[15]

デサールの意見はこんな感じである。蚊が血液を吸うのは、食物にするためである。吸った血液は、蚊の消化管の中に入る。そこは非常に過酷な環境で、入ってきたものをすり潰し、消化酵素で分解する。

たとえば、蚊が恐竜の血液を吸うと、恐竜の赤血球が蚊の消化管の中に入る。恐竜の赤血球はほどなく壊れて、赤血球の中のDNAは蚊の消化液の中へと放り込まれる。そして、たちまち分解されてしまう。そうなれば、もはや蚊の消化管の中に、恐竜のDNAを見つけることはできないだろう（私たち哺乳類の赤血球にはＤＮＡが含まれていないが、鳥類の赤血球にはＤＮＡが含まれているので、おそらく恐竜の赤血球にもＤＮＡが含まれていると考えられる）。

とはいえ、血液を吸った直後に、蚊が死ぬこともあるかもしれない。恐竜の血液を吸った直後に、樹脂の染み出した木に止まって動けなくなる可能性だって、ゼロではないはずだ。しかし、動けなくなってからも、蚊はしばらく生きている。完全に樹脂に飲み込まれて死ぬまでには、かなりの時間がかかるはずだ。さらに、蚊が死んだからといって、消化作用がすぐに止まるわけではない。消化酵素が壊れなければ、消化作用は働き続けるのである。以上のことを考えれば、蚊の消化管の中に、ＤＮＡが残っている可能性は低そうだ。デサールは、そう考えたのである。

蚊はＤＮＡをすぐには消化しない

ところが、幸運なことに、デサールの反論は間違っていたかもしれない。どうやら、蚊は吸った血液を、すぐに消化するわけではないらしい。

私たちが病院などで健康診断を受けると、たいてい注射器で採血をされる。これが、結構痛い。無痛針が開発されて、医療認可もされているというのに、採血をするときは、今でも痛い針が使われているからだ。残念なことに、無痛針のような細い針は、採血には不向きらしい。

細い針で採血をすると、よほどゆっくりと採血しないと、赤血球が壊れてしまうのだ。ある見積もりによると、無痛針で赤血球を壊さずに採血するには、13分以上もかかるという[16]。これでは実用には適さない。

ところが、蚊の口は、細い針のようになっているのに、赤血球を壊さずに血液を吸えるようだ。赤血球が針を通るときに、壁際でなく中心部を通る仕組みになっていることや、赤血球と蚊の唾液の浸透圧がほぼ同じなので、赤血球が膨らんだり縮んだりしないことなど、いくつかの工夫によって、赤血球を壊さずに消化管へ送れるらしい[17]。

しかも、蚊は血液をすぐに消化しないで、しばらく消化管の中に吸い溜めしておくという。血液を消化するために、消化酵素が分泌されるのだが、その分泌がピークを迎えるのは、吸血してからだいたい24時間後だという。それから3～5日かけてゆっくり血液を消化しながら、卵を形成していくようだ[18]。ちなみに、血液を吸うのは産卵期のメスだけで、その他の時期のメスやオスは花の蜜や樹液を吸っている。

以上に述べたように、蚊は赤血球を壊さずに消化管の中に取り込み、その後もしばらくは消化管の中に溜めておく。これなら、蚊の消化管の中から、蚊に血液を吸われた動物のDNAを回収することもできそうである。そして、実際に、そういう研究も行われている。

カニアナヤブカは亜熱帯に生息する蚊で、夜に魚から吸血することが知られている。水中に棲んでいる魚から吸血するのは難しそうだが、カニアナヤブカが狙う魚は頻繁に空気呼吸をする魚らしい。そういう魚なら浅瀬に来ることも多いだろうし、空気呼吸をしようとして体の一部が水面から出たときに、吸血している可能性はあるだろう。しかし、カニアナヤブカが吸血している魚の種は、正確にはわかっていなかった。そこで、魚の種を特定するための研究が行われたのである。(19)

ちなみに、空気呼吸ができる魚は結構いる。たとえば、金魚やコイは、しばしば水面で口をパクパクさせている。あれは、空気中の酸素を吸っているのである。しかし、水中に棲んでいる魚が、どうして空気呼吸をする必要があるのだろうか。

魚の血液は心臓から出ると、まず鰓（えら）に向かう。鰓は水中で呼吸を行う器官なので、鰓を通れば、血液は酸素をたっぷりと含むようになる。それから血液は全身を巡って、体中の細胞に酸素を届けていく。そうして血液は、酸素をあまり含んでいない状態で、心臓に戻ってくるのである。

ここで問題になるのは、心臓に戻ってくる血液が、あまり酸素を含んでいないことだ。激しく動き続ける心臓は、体の中でももっとも酸素を必要とする器官である。それにもかかわらず、心臓に戻ってくる血液に酸素が少ししか含まれていなければ、心臓は酸欠状態になってしまう。それを避けるために、魚に肺が進化したらしい。

心臓から出た血液は二つに分かれて、片方は全身に向かう。そして、もう一方は、肺に向かうのだ。そして、肺で酸素をたっぷりと含むようになった血液は、そのまま心臓に戻ってくるのである。これなら、心臓に十分な酸素を届けることができるだろう。
魚に（正確には魚の中の硬骨魚というグループに）肺が進化したのは、シルル紀（約4億4000万年〜4億1900万年前）のことだと考えられている。その後、肺がうきぶくろに変化したために肺を失ったメダカのような魚もいるが、金魚やコイのように肺を持ち続けている魚も結構いるのである。

さて、カニアナヤブカの話に戻ろう。まず、沖縄で、腹部に消化されていない血液が入っていると考えられるカニアナヤブカのメスを採集した。それから、その蚊のDNAを抽出し、どんな魚のDNAが含まれているかを特定した。その結果、ジャノメハゼやゴマホタテウミヘビなどの魚から、よく血液を吸っていることが明らかにされたのである。ちなみに、ウミヘビには爬虫類と魚類の両方がいる。毒を持つのは爬虫類のウミヘビで、カニアナヤブカに血液を吸われるゴマホタテウミヘビは魚類のウミヘビである。

ということで、蚊が吸った血液からDNAを抽出することは、実際に可能である。しかし、あくまでこれは現生の蚊の話である。生きている蚊を捕まえて、その腹部の血液を調べたという話である。琥珀の中で、乾いて死んでいる蚊では話が違ってくるだろうし、ましてや恐竜と一緒に生きていた大昔の蚊の場合はなおさらだ。

ところが、ペレグリーノやトカーチの琥珀のアイデアは、このまま埋もれてしまわなかった。幸運なことに、追い風が吹いたのである。

琥珀の中の細胞

さきほど、ペレグリーノが琥珀の中の昆虫を、顕微鏡で観察した話をした。ペレグリーノには、そこに内臓や細胞が残っているように見えた。基本的にはそれと同じことを、今度はカリフォルニア大学バークレー校の研究者が、さらにきちんと行った。そして1982年に、その観察結果を、有名な科学雑誌である『サイエンス』に発表したのである[20]。

発表したのは、昆虫学者であるジョージ・ポイナー（1936〜）と電子顕微鏡の専門家であるロバータ・ヘスだ。2人は、バルト海沿岸の琥珀に埋め込まれた約4000万年前のハエを切って薄片にして、電子顕微鏡で観察を行った。そして、ハエの体内を見て、衝撃を受けたという[21]。

そこには細胞だけでなく、細胞の中の構造まで保存されていた。何と核やリボソームや小胞体やミトコンドリアが残っていたのである[20]。おそらくハエは、琥珀の中でゆっくりと乾燥して脱水されたので、細胞が壊れなかったのだろう。また、琥珀には抗菌作用があり、それが細胞の分解を防いでいた可能性がある。さらに、琥珀の成分が細胞の固定液として働いたことも、細胞が壊れなかった一因と考えられる。

私たちが生物を使って実験をするときには、しばしば細胞や組織を顕微鏡で観察する。そういうときに困るのは、時間が経つと、細胞や組織の形が崩れたり腐敗したりすることだ。

そこで、細胞や組織を、生物が生きていたときと同じ状態に保つ処理を行う。この処理を固定という。具体的なメカニズムとしては、分子同士を結合させて全体の構造を強固にしたり、タンパク質分解酵素を働かなくしたりすることが挙げられる。琥珀には、これと似たようなことを行う成分が含まれていると考えられる。

そして時間が経つと、もともとはねっとりした樹液だった琥珀も固まり始めて、最終的には非常に硬くなる。そして、かなりの衝撃にも耐えられる耐久性を持つようになるのである。

このように、琥珀は、化学的にも物理的にも生物体の保存に適した物質なので、4000万年ものあいだ、細胞の中の構造を残すことができたのだろう。

ところが、このポイナーとヘスによる琥珀中の細胞の研究が、結果的には古代DNAに関する狂騒曲を生み出すことになってしまった。ここまでは正しかったのだが、この先で、足を踏み外してしまうのだ。しかし、それは後で述べることにしよう。

泥炭地とタールピット

ところで、1971年に出版された『古生物学の原理』という教科書の中でも簡単に触れられているが、生物の遺骸がよく保存される場所としては、泥炭地やタールピットのような沼地も有名である。

泥炭地に沈んだ遺骸は、厚い泥によって酸素から守られている。遺骸を分解する細菌は、酸素がないと遺骸をほとんど分解できないのだ。また、泥炭地は酸性なので、そもそもそこに棲める細菌自体も少ない。そのため、泥炭地に沈んだ遺骸は、よく保存されるのだと考えられる。

実際、ヨーロッパやアメリカの泥炭地からは、数百年から数千年前のヒトの遺体がたくさん発見されている（おそらく墓地として使われていたのだろう）。しかし、泥炭地に、恐竜の時代の遺骸が残っている可能性は限りなくゼロに近い。なぜなら、その時代の泥炭地は、現在まで残っていないからだ。

地表の環境は、数万年もすれば、たいてい大きく変わってしまう。たとえば、ある人が家を建てて、そこに子々孫々に至るまで、未来永劫にわたって住み続けようと思っても、なかなかそうはいかない。うまくいけば、数百年ぐらいは、同じところに住み続けられるかもしれない。もしかしたら、数千年ぐらいまで可能かもしれない。しかし、数万年とか数十万年にわたって、住み続けることは不可能だろう。長い時間のあいだには、地表は海になったり山になったり、暑くなったり寒くなったりして、ダイナミックに変化するものなのだ。

泥炭地と並んで、タールピットも遺骸がよく保存される場所である。タールピットというのはタールの池だ。アメリカのロサンゼルスにあるラ・ブレア・タールピットが世界的に有名だが、日本にも少しはあるようだ。

タールは非常に粘性が高く、いったんタールピットに足を踏み入れたら、抜け出すことはほぼ不可能だ。ゾウのような大きな動物も、タールピットの犠牲になっている。しかし、一般には、タールピットの犠牲になるのは、肉食動物が多い。おそらく、タールピットに嵌まって動けなくなっている動物を狙って、自らタールピットに入り、そして抜け出すことができなくなったのだろう。

タールピットからも保存のよい遺骸が見つかるが、時代的にはせいぜい数万年前までで、それより古いものはない。泥炭地と同じ理由で、タールピットから恐竜が見つかる可能性はほぼゼロだ。したがって、恐竜を念頭に置いた場合は、泥炭地やタールピットは輝きを失い、琥珀だけが輝き続けていたのである。

もっとも、ポイナーとヘスの細胞内構造の発見は、約4000万年前のハエのものなので、恐竜ほどは古くない。恐竜が生きていた年代は、約2億3000万年前から約6600万年前だからだ。

とはいえ、4000万年前のものが残っていれば、6600万年前のものが残っている可能性はあるだろう。たしかに、桁が違えば、そうはいえないかもしれない。たとえば、400万年前のものが残っているからといって、それより10倍以上古い6600万年前のものが残っているとはいえない。でも、4000万年前のものが残っているのなら、恐竜について期待してもよいのではないだろうか。

こうして、ポイナーとヘスの研究によって、時代は大きく琥珀に向かって舵を切ることになったのである。

琥珀の中のDNA

ポイナーとヘスは、博士研究員だったラッセル・ヒグチと3人で、琥珀の中の昆虫からDNAを抽出する実験にとりかかった。1983年のことである。一般には、古代DNAの研究は、1984年のクアッガの研究から始まったことになっているが、その前年だ。

まず、研究室の装置をすべて消毒し、保存状態のよい琥珀をいくつか選び出した。それらの琥珀を薄く切って薄片にして、そこに含まれている昆虫の組織に対して、DNAの検出を行った。すると、蛾(が)とハエの組織に対して、DNAの存在を示すシグナルが検出された。

しかし、3人は、ここで行き詰まってしまった。このDNAが、本当に琥珀の中の昆虫のものなのか、それとも外部から混入したものなのかを、区別することができなかったからである。

琥珀の中のDNAが本物か偽物(にせもの)かを区別することは難しいが、少なくとも塩基配列を明らかにすることは必須である。しかし、当時は、もっと大量のDNAがなければ、塩基配列を読むことはできなかったのである。

第3章　古代DNA研究のスタート

クアッガ

ラッセル・ヒグチは、ポイナーやヘスとともに琥珀の中の昆虫のDNAを調べたものの、その真偽性を確認できないために、研究は行き詰まってしまった。そこで、研究の対象を、年代がはるかに新しいクアッガに変更した。クアッガというのは絶滅したウマの一種である。体の前半分には縞模様があってシマウマに似ているが、後ろ半分には縞模様がないのでふつうのウマのように見える、ちょっとユニークなウマだった。

南アフリカの草原にたくさん生息していたが、ヨーロッパから移住してきた人々に、食料にされたり、皮で靴や袋を作ったりするために乱獲されて、数を減らしていった。そして、1883年に、オランダのアルティス王立動物園で最後の1頭が死んで、絶滅してしまったのである。

図表３　ロンドンの動物園にいたクアッガ（1870年撮影）

　ところで、このクアッガには生物学上の謎があった。それは、クアッガはシマウマなのかウマなのか、ということだ。言葉を変えれば、シマウマとウマのどちらに近縁か、ということだ。体の前半分だけとはいえ縞模様があるのだから、シマウマに近縁だと考える人が多かった。しかし、臼歯（きゅうし）や門歯（もんし）に余分な隆起があることや耳が小さいことなど、ウマに近い特徴もあったので、はっきりとは結論できなかったのだ[22]。そういう謎を残したまま、クアッガは消えてしまったのである。

　クアッガは絶滅してしまったけれど、23体の剝製が、おもにヨーロッパの博物館に残っていた。そこでヒグチとその共同研究者は、まずはDNAが残っているか、次にその塩基配列を読むことができるか、その二つの問いに答えるために、クアッガの剝製からDNAの抽出を試みたのである。そのためには、ラインホルト・ラウが大きな役割を果たすことになる。

ドイツ生まれの剝製師であり自然保護活動家でもあるラインホルト・ラウ（1932～2006）は、1959年に南アフリカに移住し、ケープタウンの博物館で働き始めた。そこでラウは、クアッガが人間の乱獲によって絶滅したことを知った。そして、「人類の愚かな過ちを正したい」という思いから、クアッガの復活を目指すようになった。

ラウはドイツにいた頃に、動物園が絶滅したウシの一種を、生きているウシを選択的に交配させることによって、復活させようとしたことを聞いていた。それを、クアッガに応用しようと考えたのである。しかし、そのためには、クアッガと遺伝的に近縁な生物が生きていることが必要だった。

そこで、ラウはクアッガの剝製23体のうち、22体の剝製を調査して回ったという。さらに動物学者などにも相談した結果、クアッガは完全に独立した種というよりは、サバンナシマウマと同じ種ではないかと考えるようになった。クアッガは、サバンナシマウマの1グループが地理的に離れた場所で変異したもの、つまりサバンナシマウマの亜種である可能性が高いと考えたのだ。

それを確認するためには、DNAを調べることが必要である。そこで、ラウは、ドイツのマインツ博物館から、（当時から見て）140年前に死んだクアッガの、皮膚に付いた筋肉と結合組織を譲り受けると、それを分子遺伝学者で自然保護の専門家である、サンディエゴ動物園（米カリフォルニア州のサンディエゴ）のオリヴァー・ライダーを介して、ヒグチとその共同研究者に届けた。そうした経緯で、ヒグチらは、世界で初めて古代DNAの塩基配列を決定することになるのである。

DNAの遊離

ヒグチらによるクアッガの研究は、古代DNA研究の本格的なスタートであり、その結果は現在から見ても正しいと考えられている[23]。そういう記念碑的な研究であることは確かなのだが、技術的にはとくに目新しいものはなく、オーソドックスな方法を使っている[24]。クアッガの研究のすばらしさは、技術とは別のところにあるのだが、それについては後で述べることにする。

いちおう、技術的なことも簡単に説明しておこう。ヒグチらは、まずプロテアーゼKという特殊なタンパク質分解酵素を使って、サンプル（クアッガの筋肉や結合組織）のタンパク質を分解する。そして、サンプルをどろどろにして、DNAを遊離させた。

プロテアーゼKという特殊なタンパク質分解酵素を使ったのには意味がある。じつはサンプルの中には、かならずDNA分解酵素が含まれている。サンプルからDNAを遊離させるために、タンパク質分解酵素を働かせていると、そのあいだにDNA分解酵素も働いて、サンプル中のDNAを分解してしまうのである。

そこで、DNA分解酵素を働かなくするために、酵素阻害剤を加えると、こんどはタンパク質分解酵素も働かなくなって、サンプルがどろどろにならない。これではＤＮＡが遊離してこない。それでは、どうするか。そこで、プロテアーゼＫを使うのである。

プロテアーゼＫは、爪（つめ）や髪の毛の成分であるケラチンを栄養源にしている菌類が使っているタンパク質分解酵素なので、ケラチン（Keratin）の頭文字を取ってプロテアーゼＫと呼ばれている。このプロテアーゼＫは強力で、通常の酵素阻害剤があっても働くのだ。そのため、プロテアーゼＫと酵素阻害剤でサンプルを処理すれば、ＤＮＡは分解されずに、タンパク質だけが分解されるので、ＤＮＡを遊離させることができるのである。

ＤＮＡの精製

プロテアーゼＫ処理によって、ＤＮＡがタンパク質などの細胞成分から自由になって、溶液中に溶け出した。しかし、まだＤＮＡは、溶液中でタンパク質などと混合したままである。ここからＤＮＡだけを取り出すために、ヒグチらはフェノール抽出という方法を使った。

ＤＮＡはヌクレオチド（正確にはデオキシリボヌクレオチド）がたくさん繋がったもので、タンパク質はアミノ酸がたくさん繋がったものである。ＤＮＡを作るヌクレオチドは4種類あるが、すべて親水性で水に溶けやすい。つまり、ＤＮＡは水に溶けやすい。

一方、タンパク質を作るアミノ酸は20種類あるが、その中には親水性のものも疎水性のものもある。したがって、一つのタンパク質の中には、水に溶けやすい部分と水に溶けにくい部分が存在する。

さて、プロテアーゼK処理をしたDNAとタンパク質などの混合物は、水に溶けた状態で、試験管の中に入っている。ここに疎水性のフェノールを加えると、試験管の中は、上層が水、下層がフェノールに分かれることになる。

DNAは親水性なので、上層の水に溶けて入っていく。一方、タンパク質は、親水性の部分は上層の水に入るが、疎水性の部分は下層のフェノールに入る。その結果、水とフェノールの両方から捕らえられて、ちょうど境界のところで動けない状態になる。そこで、上層の水だけを回収すれば、DNAだけを回収することができるのである。

DNAの濃縮

フェノール抽出によって、ほぼDNAだけが溶けた水を回収することができた。しかし、このままでは、まだDNAを実験に使うことはできない。DNAが薄すぎるのだ。もっとDNAを濃縮しなければならないので、ヒグチらはエタノール沈殿を行った。

今、試験管の中で、DNAは水に溶けている。もし、このDNAを沈殿させることができれば、上澄みの水を取り除くことによって、DNAを濃縮することができる。それでは、DNAを沈殿させるには、どうしたらよいだろうか。

DNAは親水性なので、水には溶けるがエタノールには溶けない。そこで、水に大量のエタノールを加えれば、DNAは沈殿しそうなものだが、それだけではまだ沈殿しない。なぜなら、DNAがマイナスに荷電しているからだ。

DNAはヌクレオチドがたくさん繋がったもので、それぞれのヌクレオチドは、糖とリン酸と塩基という三つの部分からできている。リン酸にはヒドロキシ基（-OH）が含まれており、このヒドロキシ基は（pHが中性付近では）水素（H）を放出してマイナスに荷電（$-O^-$）している。そのため、DNA全体もマイナスに荷電しているのである。

DNAがマイナスに荷電していると、DNA同士で反発してしまい、凝集することができない。凝集しなければ、沈殿はしないのだ。

そこで、DNAの電荷を中和するために、酢酸ナトリウムなどの塩を加える。酢酸ナトリウム（CH_3COONa）は、溶液中でナトリウムイオン（Na^+）と酢酸イオン（CH_3COO^-）に電離する。ここで生じたナトリウムイオンのプラスの電荷で、DNAのマイナスの電荷を中和させるのである。そうすれば、DNAは凝集して、やっと沈殿する。そこで上清（上澄み）を除けば、濃縮されたDNAを回収できることになる。

クアッガのDNA

ヒグチらは、プロテアーゼK処理、フェノール抽出、エタノール沈殿というオーソドックスなDNA抽出法で、クアッガの剥製からDNAを回収することができた。しかし、その量は少なく、通常の生体組織から回収した場合のおよそ1パーセントにも満たなかった。しかも、回収されたDNAのほとんどは500塩基対以下と短く、クアッガの死後にDNAが劣化して、短く切断されていることを示していた。

しかし、ともあれ、絶滅した動物の古代DNAが回収できたわけだ。そして、シトクローム・オキシダーゼIとNADHデヒドロゲナーゼIという酵素の遺伝子の塩基配列の、それぞれ一部を決定することができた[25]。具体的には、シトクローム・オキシダーゼIは112塩基対、NADHデヒドロゲナーゼIは117塩基対で、合わせて229塩基対が決定されたのである。

ところで、さきほど述べたように、核DNAよりミトコンドリアDNAの方がコピー数がずっと多い。一つの細胞の中に、ふつう核は一つしかないので、核DNAは一つしかない。ただし、核DNAは父親と母親から半分ずつ受け継ぐし、それらはお互いにほとんど同じである。核DNAは全部でおよそ60億塩基対であると述べたが、そのうち約30億塩基対は父親由来で、残りの約30億塩基対は母親由来なのだ。これらをそれぞれ1組と考えたとしても、一つの細胞の中に核DNAは2組しかないことになる。

一方、一つの細胞の中に、ミトコンドリアDNAは、たいてい1000コピー以上存在することになる。古代DNAのように、DNAが劣化したり減少したりしているときには、このコピー数の多さが、大きなメリットになる。古代DNAの大部分が壊れたり失われたりしていても、ミトコンドリアDNAは残っていることが期待できるからだ。そのため、20世紀における古代DNAの研究では、ミトコンドリアDNAを調べることが多かったのである。ただし、塩基配列が決定されたといっても、結果を鵜呑みにするわけにはいかない。何しろ、死後140年も経った剝製から抽出したDNAなのだ。死んだ後で塩基配列が変化している可能性だってある。そこで、ヒグチらはのちに述べる三つの方法を使って、死後の塩基配列の変化を推定した。

コドンの縮重

生命活動を行うにあたって、もっとも重要な物質はタンパク質である。そして、タンパク質は、DNAの情報に基づいて作られる。具体的には、DNAの三つの塩基が、タンパク質の一つのアミノ酸を指定しており、DNAの順番どおりにアミノ酸を繋げていくことによって、タンパク質は組み立てられるのである。

ところで、塩基は4種類あるので、三つの塩基の並び方（これをコドンという）は、4×4×4＝64通りある。一方、アミノ酸は20種類しかない。64種類のコドンで20種類のアミノ酸を指定するので、コドンの方が余ってしまうことになる。

そこで、複数の種類のコドンが同じアミノ酸を指定する場合がある。たとえば、トリプトファンというアミノ酸を指定するコドンはTGGだけだが、フェニルアラニンというアミノ酸を指定するコドンはＴＴＴとＴＴＣの２種類があるし、ロイシンというアミノ酸に至っては、ＴＴＡとＴＴＧとＣＴＴとＣＴＣとＣＴＡとＣＴＧの６種類もある。このように、１種類のアミノ酸に複数のコドンが対応している現象を縮重（しゅくじゅう）という。

この縮重という現象があることで、生物の進化は大きな影響を受けている。たとえば、こういう場合だ。

ＤＮＡの一部にＣＴＴという塩基配列があり、この部分はロイシンというアミノ酸を指定している。ところが、進化の過程で、３番目の塩基であるＴがＣに変化したとしよう。つまり、塩基配列としては、ＣＴＴがＣＴＣに変化したわけだ。しかし、ＣＴＴもＣＴＣもロイシンというアミノ酸を指定しているので、作られるタンパク質に変化はない。このような、アミノ酸を変化させない塩基の変化を、同義変化という。これは、縮重があるために起きる現象だ。

さて、もう一度、ロイシンというアミノ酸を指定しているＣＴＴという塩基配列に戻ろう。そして今度は、進化の過程で、１番目の塩基であるＣがＴに変化したとしよう。つまり、塩基配列としては、ＣＴＴがＴＴＴに変化したわけだ。ところが、ＴＴＴはフェニルアラニンというアミノ酸を指定するので、この場合は指定するアミノ酸が変化してしまう。そのため、作られるタンパク質も変化してしまうことになる。このような、アミノ酸を変化させる塩基の変化を、非同義変化という。

同義置換と非同義置換

塩基の変化には「同義」と「非同義」の2種類があることを述べた。少しややこしいのだが、それとは別の概念で、塩基の変化を2種類に分けることもある。それは、「変異」と「置換」だ。

たとえば、集団の中の1個体だけに、CTT→CTCという変化が起きたとしよう。これは、その個体だけに起きた変化であり、その他の個体はCTTのままである。こういう個体レベルの変化を変異（あるいは突然変異）という。

ところが、この新しいCTCという変異がだんだんと広まって、ついには集団中のすべての個体がCTCになったとしよう。こういう集団レベル（あるいは種レベル）の変化を置換という。

つまり、塩基の変化には、四つの種類があることになる。同義変異と非同義変異と同義置換と非同義置換だ。

ここで重要なことは、同義変異と非同義変異の発生率はほとんど変わらないが、同義置換と非同義置換の発生率は大きく異なるということだ。同義置換の方が非同義置換よりも、圧倒的に多いのである。

まず、変異の方から説明しよう。CTT→CTCという同義変異も、CTT→TTTという非同義変異も、発生率にそれほど違いはない。どちらも、塩基が一つ置き換わるだけの、同じような変異だからだ（正確にいえば、塩基の種類によって変異率は異なるのだが、同義変異と非同義変異に分けて平均すれば、変異率はそれほど違わない）。

塩基が置き換わる原因としては、DNAを複製するときのコピーミスや、宇宙線などの放射線による損傷などが考えられる。しかし、それらは同義変異か非同義変異かを区別しない。その結果、同義変異も非同義変異も同じように起きるのである。

しかし、変異ではなく置換になると、話はまったく違ってくる。

ある個体に同義変異が起きても、その個体の形質はほとんど変化しない。同義変異が起きた遺伝子から作られるタンパク質に、変化がないからだ。そのため、同義変異が起きた個体は、集団の中で有利になるわけでも不利になるわけでもない。その結果、同義変異が集団中に広まるか広まらないかは、偶然によることになる。

たまたまその個体が子孫を残さなかったり、たとえ子孫を残しても、たまたまその遺伝子が子孫に伝わらなかったりすることは、十分に考えられる。しかし、その一方で、その同義変異がたまたま集団中に広がっていき、ついには集団のすべての個体がその同義変異を持つようになることも、それなりの確率で起きるはずだ。つまり、それなりの確率で、同義置換は起きるのである。

それでは、非同義置換の場合は、どうだろうか。

生物の体は、かなりうまくできている。私たちの眼や耳は、すばらしい構造をしているし、私たちの消化や呼吸も、複雑な化学反応によってエネルギーを生み出している。これらは、何億年にもわたる自然淘汰の積み重ねによって、改良に改良を重ねて、現在の境地に至ったのである。

そのため、ある個体にたまたま非同義変異が起きて、でたらめにタンパク質が変化して、その結果、体の性能がさらによくなるなんてことは、まず考えられない。たまたま非同義変異が起きれば、私たちの体の性能は、まず間違いなく低下するのだ。それは、放射線を浴びたときのことを考えれば、明らかだろう。

原子力発電所の事故などで放射線を浴びれば、ＤＮＡは変化する。その結果、体がますます健康になるなんてことは（確率的にはゼロではないけれど）ほとんどあり得ないのだ。

ということで、非同義変異が起きた個体は、たいてい他の個体より体の性能が落ちてしまう。そのため、自然淘汰によって除かれてしまうことが多い。したがって、非同義変異が集団中に広がって、集団のすべての個体がその非同義変異を持つようになることは、ほとんどない。つまり、非同義置換はほとんど起こらないのだ。

さて、ここまで「同義」とか「非同義」とか「変異」とか「置換」とか、ややこしいことを話したけれど、じつは言いたいことは、次の一文に尽きる。

「進化の過程では、アミノ酸を変える非同義置換よりも、アミノ酸を変えない同義置換の方が、はるかに多く起きる」
それでは、クアッガの話に戻ることにしよう。

DNAが死後に変化した根拠①

ヒグチらは、クアッガのDNAの塩基配列を、サバンナシマウマやヤマシマウマと比較した[25]。クアッガとヤマシマウマを比較すると、229塩基のうち12塩基が異なっていて、そのうち11塩基については同義置換か非同義置換かが判定できた（残りの1塩基については、調べた塩基配列の末端にあったため、コドンの残りの2塩基がわからず、同義置換か非同義置換か判定できなかった。そこで、これから後の議論では、判定できた11塩基について考えることにする）。判定できた11塩基のうち、9塩基は同義置換で、2塩基は非同義置換であった。

ちなみに、塩基の置換がクアッガの系統で起きたのか、ヤマシマウマの系統で起きたのかはわからない。クアッガとヤマシマウマには共通祖先がいたが、その時点では置換は起きていなかった。その後、クアッガに至る系統とヤマシマウマに至る系統が分かれて、別々に進化し始めてから、それぞれの系統で置換が起きたと考えられる。大ざっぱに考えれば、それぞれの系統で、だいたい半分ずつ置換が起きたのだろう。

一方、クアッガとサバンナシマウマの塩基配列を比較すると、229塩基のうち2塩基しか違わなかった。クアッガとヤマシマウマは11塩基も違っていたので、クアッガは、ヤマシマウマよりもサバンナシマウマに近縁だと考えられる（図表４）。

ところで、このクアッガとサバンナシマウマで異なる2塩基については、サバンナシマウマとヤマシマウマでは共通だった。つまり、この2塩基の置換は、クアッガとサバンナシマウマの系統が分かれた後で、クアッガの系統で起きたと考えられる。そして、これらの二つの塩基は、両方とも非同義置換であった。

しかし、よく考えてみると、これは妙な話である。整理しながら、順番に考えてみよう。

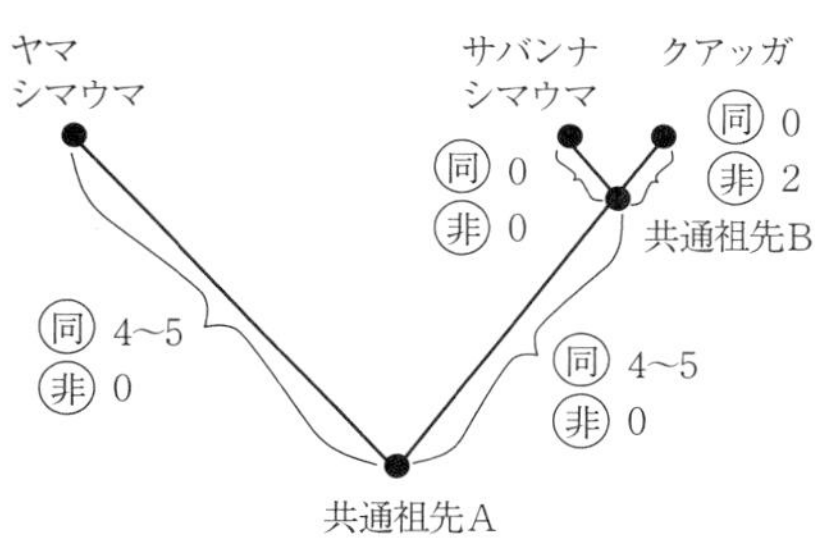

図表４　クアッガやシマウマの系統と塩基置換数

まず、３種の共通祖先（図表４では共通祖先Ａ）からヤマシマウマに至る系統では、同義置換が４～５回起きたが、非同義置換は起きなかった。さきほど述べたように、同義置換は非同義置換より多く起きるはずだから、これは理に適（かな）っている。

次に、３種の共通祖先（共通祖先Ａ）から、クアッガとサバンナシマウマの共通祖先（図表４では共通祖先Ｂ）に至る系統では、同義置換が４～５回起きたが、非同義置換は起きなかった。これも理に適っている。

クアッガとサバンナシマウマの共通祖先（共通祖先Ｂ）から、サバンナシマウマに至る系統では、同義置換も非同義置換も起きなかった。これについては、時間が短かったので、同義置換も非同義置換も起きる暇がなかったと考えれば、問題はない。

最後に、クアッガとサバンナシマウマの共通祖先（共通祖先B）から、クアッガに至る系統について考えよう。ここでは、非同義置換が2回も起きている。時間が短いのに、起きにくい非同義置換が2回も起きているのは、不自然な感じがする。しかも、同義置換が起きていないにもかかわらず、非同義置換が2回も起きているのだ。非同義置換は同義置換よりずっと少ないはずだから、そういう点でもこれはおかしい。

もちろん、これは確率の話なので、絶対にそういうことはない、とはいえない。しかし、クアッガの塩基配列が、かなり不自然であることは確かである。

そこで、ヒグチらは、別の可能性を考えた。これは、進化の過程で起きた非同義置換ではなく、クアッガが死んだ後でDNAが劣化したために塩基が変化したものだと考えたのである。

ヒグチらは三つの方法を使って、死後の塩基配列の変化を推定したと述べたが、これが一つ目の方法だ。同義置換と非同義置換の不自然な割合から、死後の塩基の変化を見つけたのである。

クアッガの塩基配列には、他にも不自然なところがある。ふつうは使われないアミノ酸が使われているのだ。

おおまかには、進化は以下のように進行する。長い時間が過ぎるあいだに、いろいろな理由でＤＮＡの塩基配列が変化する。それにしたがって、タンパク質のアミノ酸配列が変化して、その結果、生物のいろいろな形質が変化する。それが進化というものだ。

さて、ここで、タンパク質のアミノ酸配列について考えてみよう。タンパク質は実際の生命現象を行う分子である。ＤＮＡも大切だけれど、ＤＮＡ自身が実際の生命現象に関わることは、あまりない。実際に、体の構造を作ったり、体内で化学反応を進めるための酵素になったりするのは、おもにタンパク質なのだ。

これらの生命現象に関わるときに重要なのは、タンパク質の立体構造である。タンパク質はアミノ酸がたくさん繋がった紐（ひも）のような分子だが、この紐が長く伸びた状態のままでいることは少ない。たいていは折り畳まれて、いろいろな立体構造を作っている。

アミノ酸には、親水性のものも、疎水性のものもある。したがって、タンパク質が水の中にあれば（実際に多くのタンパク質は、血液やリンパ液や細胞質基質のような、水に近い物質の中に存在する）、親水性のアミノ酸は水に接するように外側に、疎水性のアミノ酸は水に接しないように内側にくる形で、折り畳まれる。

また、アミノ酸には糖鎖（とうさ）が結合しているものもあり、それを介して外界と相互作用をすることがある。また、アミノ酸同士で化学結合を作ることもある。それらも、タンパク質の折り畳まれ方に影響するので、立体構造は千差万別である。この立体構造が、生命現象を行うときに、重要な役割を果たすのだ。

体の構造を作るときはもちろんだが、化学反応を進める酵素として働くときにも、立体構造は重要だ。たとえば、Aという物質をBという物質に変化させる化学反応を考えよう。こういう化学反応では、酵素として働くタンパク質は、たいてい立体構造の一部が凹(へこ)んでいる。そして、Aはこの凹んだ部分にぴったりと嵌(は)まる。Aが嵌まることによって、タンパク質自体も立体構造が少し変化して、その影響を受けてAがBに変化する。Bに変化するとタンパク質から外れて、タンパク質自身は元の立体構造に戻る。たとえばだが、こんな感じで、タンパク質は酵素として働くのである。

ある酵素の凹んだ部分が、Aしか嵌まらない形になっていれば、その酵素はA→Bという化学反応にしか関与しない。他の物質がたくさんあっても、周りでたくさんの化学反応が進行していても、その酵素はAにしか働かない。こうして、生物は、体内のさまざまな化学反応を混同することなく、きちんと調節できるわけだ。

このように、タンパク質にとって立体構造は非常に大切だが、タンパク質を作っているたくさんのアミノ酸が、みんな等しく立体構造に貢献しているわけではない。

たとえば、あるアミノ酸は、それが別のアミノ酸に置き換わると、立体構造が完全に崩れてしまい、タンパク質が働かなくなってしまう。そういう、立体構造に重要なアミノ酸がある一方で、別のアミノ酸に置き換わっても、立体構造はほとんど変わらず、タンパク質は同じように働き続ける、そんなアミノ酸もある。立体構造にとって、どうでもよいアミノ酸もあるわけだ。

ここで、「立体構造」を「機能」と言い換えることもできる。タンパク質の機能は、タンパク質の立体構造が生み出しているからだ。つまり、タンパク質の機能にとって重要なアミノ酸とそうでないアミノ酸がある、ということだ。

そして、機能に重要なアミノ酸は、進化の過程で保存される。非常に重要な場合は、何億年も何十億年も保存される場合もある。おそらく20種のアミノ酸の中で、そのアミノ酸がベストなので、それ以上改良のしようがないのだろう。

DNAが死後に変化した根拠②

さて、クアッガとヤマシマウマのDNAの229塩基を比較すると、非同義置換が二つあった。そのうちの一つを、両側の塩基も含めてコドン単位で示すと、クアッガではATTで、ヤマシマウマではACTであった。ATTはイソロイシン、ACTはトレオニンというアミノ酸を指定している。

ここで、視野を広げて、他の種のことも考えてみよう。そうすると、クアッガとヤマシマウマだけではわからなかったことも、見えてくるからだ。

同じシマウマだが、ヤマシマウマでは、この部分はACTで、ヤマシマウマとは別種のサバンナシマウマと同じである。少し系統的に離れた家畜のウマ（学名はエクウス・カバルス〔*Equus caballus*〕）だと、コドンはACCに変化するけれど、指定するアミノ酸はトレオニンのままで、ヤマシマウマやサバンナシマウマと同じである。さらに系統的に離れたウシでも同じで、コドンはACCでアミノ酸はトレオニンである。

じつは、この部分のアミノ酸は、脊椎動物全体、さらに昆虫、そして何と菌類でも保存されているのである。さすがにコドンは変化しているけれど、指定するアミノ酸はみんなトレオニンなのだ。

脊椎動物や昆虫などの動物と、キノコやカビなどの菌類が、進化していく途中で分かれたのは、（ある見積もりでは）約12億年前である。おそらく、この部分のアミノ酸は、約12億年前に生きていた動物と菌類の共通祖先の時点で、すでにトレオニンだったのだろう。それから12億年もの長きにわたって、動物の系統でも菌類の系統でも、トレオニンのまま保存されてきたものと考えられる。

もちろん、突然変異はしょっちゅう起きたはずだ。しかし、この部分がトレオニンから他のアミノ酸に置き換わった個体は、集団の中で不利になって、自然淘汰で除かれてしまったのだと考えられる。それが12億年にもわたって、続いてきたのだ。よほど、このトレオニンは、タンパク質の機能にとって大切なアミノ酸なのだろう。おそらく、この部分がトレオニンであることは、動物や菌類が生きていくために必須のことなのだ。

だから、当然のことだが、ウシでもウマでもシマウマでも、この部分はトレオニンである。それなのに、クアッガだけは、イソロイシンに変化している。ひょっとしたら、クアッガは、これまでの動物とはまったく違う、新しい生物なのだろうか。ウマの仲間の一種にとんでもない大進化が起きて、動物の範囲を飛び出した新生物、クアッガが誕生したのだろうか。

もちろん、そんなことはないだろう。クアッガはユニークな生物かもしれないけれど、ウマの仲間であること、つまりふつうの動物であることは間違いない。それにもかかわらず、トレオニンがイソロイシンに変化している理由は何だろうか。おそらく、もっとも可能性が高いのは、クアッガが死んだ後で起きたＤＮＡの劣化だろう。

ここで述べた、機能的に重要なはずなのに変化している二つの塩基と、さきほど述べた、同義置換と非同義置換の割合から考えて不自然な二つの塩基は、両方とも同じ箇所(かしょ)である。別々の観点から見て、おかしいと考えられるのだから、この二つの塩基が、死後の劣化のために変化した可能性は、かなり高いといえるだろう。

元の塩基の推測

それでは、この二つの塩基は、もとは何の塩基だったのだろうか。クアッガが生きていた当時の塩基配列を復元することはできるのだろうか。

じつは、劣化のために変化してしまった古代DNAの塩基配列を、元どおりに復元することは、かなりの程度まで可能である。塩基配列を復元する技術は進歩しており、今日ではほぼ完全に近い形で古代DNAを復元することができる。しかし、クアッガの研究が行われた1980年代でも、ある程度は復元することができた。そして、復元されたクアッガの塩基配列は、今日から見ても正しかったと考えられている。

それでは、具体的に見ていこう。ヒグチらが読んだクアッガの塩基配列は、シトクローム・オキシダーゼIの遺伝子の112塩基対と、NADHデヒドロゲナーゼIの遺伝子の117塩基対である。クアッガの死後に変化したと考えられる塩基は、それぞれの遺伝子に一つずつあるが、とりあえずシトクローム・オキシダーゼIの方を検討してみよう。シトクローム・オキシダーゼIの方にある、死後変化が疑われる塩基は、ヒグチらが読んだデータではTになっていた。

DNAが死後に変化した根拠の一つは、他の脊椎動物や菌類ではトレオニンになっている部分が、クアッガだけはイソロイシンになっていることだった。つまり、この部分のクアッガのDNAのコドンはATTだが、もともとはトレオニンを指定するコドンであるACT、ACC、ACA、ACGの4通りのどれかだったと考えられるわけだ（図表5）。この4通りのコドンのうち、可能性が高いのはどれだろうか。

図表5　コドン表

1番目の塩基		2番目の塩基 T		2番目の塩基 C		2番目の塩基 A		2番目の塩基 G		3番目の塩基
T	TTT	フェニルアラニン	TCT	セリン	TAT	チロシン	TGT	システイン	T
		TTC		TCC		TAC		TGC		C
		TTA	ロイシン	TCA		TAA	終止コドン	TGA	終止コドン	A
		TTG		TCG		TAG		TGG	トリプトファン	G
C	CTT	ロイシン	CCT	プロリン	CAT	ヒスチジン	CGT	アルギニン	T
		CTC		CCC		CAC		CGC		C
		CTA		CCA		CAA	グルタミン	CGA		A
		CTG		CCG		CAG		CGG		G
A	ATT	イソロイシン	ACT	トレオニン	AAT	アスパラギン	AGT	セリン	T
		ATC		ACC		AAC		AGC		C
		ATA		ACA		AAA	リシン	AGA	アルギニン	A
		ATG	メチオニン＊	ACG		AAG		AGG		G
G	GTT	バリン	GCT	アラニン	GAT	アスパラギン酸	GGT	グリシン	T
		GTC		GCC		GAC		GGC		C
		GTA		GCA		GAA	グルタミン酸	GGA		A
		GTG		GCG		GAG		GGG		G

＊メチオニンを指定するコドン（ATG）は開始コドンとしても使われる

4通りのうちACTだけは、真ん中の塩基をC→Tに替えるだけでATTに替えられる。つまり、塩基を一つ替えるだけでATTに替えられる。しかし、他の3通りのコドンは、塩基を二つ替えないとATTに替えられない。

DNA全体で考えれば、死後の塩基変化はたくさん起きるように見えるけれど、それは塩基がたくさんある（ヒトなら約60億塩基対）からで、塩基一つひとつで考えれば、それほど頻繁に起きることではないだろう。

そこで、今回の死後変化についても、なるべく少ない変化で説明できる仮説を選ぶのがよいだろう。そうすると、塩基を一つ替えるだけで済む、ACT→ATTという仮説がよさそうだ。

つまり、クアッガの古代DNAをクローニングした結果ではTになっているけれど、それはDNAが劣化しているために起きた誤りで、本当はC

だった可能性が高いと推測したのだ。

さらにヒグチらは、この推測にもう一つ根拠を加えて、この推測は正しいだろうと結論した。もう一つの根拠というのは、塩基の変化には一定の傾向があることだ。DNAが劣化した場合、塩基配列はランダムに変化するわけではない。変化しやすい道筋があるのである。

DNAとRNA

さて、DNAの塩基配列の変化の傾向について述べる前に、簡単にRNAについて説明しておこう。RNAというのはDNAに似た分子だが、DNAより不安定な分子である（と書くと、DNAは安定な分子のような気がするけれど、そんなことはない。DNAもかなり不安定な分子である。ただ、RNAに比べれば安定だということに過ぎない）。

DNAは、たいてい二本鎖になっている。RNAも二本鎖になろうと思えばなれるのだが、その構造上、ゆるい二本鎖にしかなれない。DNAのようなタイトな二本鎖にはなれないのだ。そこで、RNAは、たいてい一本鎖のまま働いている。

RNAのおもな仕事は、DNAからタンパク質を作ることだ。DNAの情報を写し取って、リボソームというタンパク質を作る構造に運んでいくのが、メッセンジャーRNAと呼ばれるRNAの仕事である。また、トランスファーRNAは、タンパク質の材料になるアミノ酸をリボソームまで運んでくるし、リボソームRNAはリボソーム自身の構成要素になっている。

このRNAが使っている塩基は、DNAと似ているけれど、少し異なる。DNAの塩基は、アデニン（A）とチミン（T）とグアニン（G）とシトシン（C）で、DNAが二本鎖になるときは、AとTがペアになり、GとCがペアになる。一方、RNAの塩基は、アデニン（A）とウラシル（U）とグアニン（G）とシトシン（C）で、DNAのTがRNAではUに置き換わっている。そして、RNAがDNAと結合するときは、UはTと同じパターンでペアになる。つまり、UはAとペアになるのである。

脱アミノ化

それでは、DNAの劣化の話に戻ろう。

DNAが劣化したときに、もっとも起こりやすい変化の一つは、脱アミノ化である。脱アミノ化というのは、塩基からアミノ基（$-NH_2$）が失われる反応だ。

たとえば、シトシン（C）という塩基が脱アミノ化すると、ウラシル（U）になる。DNAは二本鎖になっているので、CはGとペアになっていたはずだが、そのCがUに変化したので、UとGがペアになってしまう。しかし、UとGは、本来はペアになる組み合わせではないので、お互いに結合しない。そこで、ここだけは不安定なまま、DNAは存在することになる。

この、脱アミノ化でCがUに変化する化学反応は、別に珍しいものではない。水があれば、比較的簡単に起きる。じつは、私たちの体の中でも、しょっちゅう起きている。ある見積もりでは、それぞれの細胞の中で、1日に100回ぐらい起きているという。でも、私たちが生きているあいだは、脱アミノ化が起きても、すぐに修復されるので問題はない。しかし、私たちが死ぬと、修復する能力は失われてしまう。それでも、脱アミノ化は、つねに発生し続ける。その結果、古代DNAの中には、脱アミノ化した塩基が蓄積されていくのである。

おそらく、クアッガの剥製の中のDNAでも、いくつかの塩基が脱アミノ化していたことは間違いない。つまり、いくつかのCがUに変化していたわけだ。もし、このままの状態でDNAの塩基配列を読むことができれば、塩基が変化している箇所を見つけることは、簡単だ。DNAの塩基配列の中から、Uを見つけるだけでよいからだ。

もともとのDNAの塩基配列は、AとTとGとCで構成されていて、Uは存在しない。そのため、塩基配列の中にUがあれば、それはCが脱アミノ化して、Uになったのだろうと推測できる。しかし、残念ながら、話はそう単純ではないのである。

なぜなら、DNAの塩基配列を読むためには、DNAを増幅しなければならないからだ。ヒグチらは、DNAを増幅するために、クローニングを行った。クローニングについては後述するが、要するに細菌を使ってDNAを増幅させる方法だ。このクローニングを行うと、劣化の目印であるUが消えてしまうのだ。

CからTへの変化

DNAを増幅するためには、自然界でも実験室でも、かならず塩基の相補性を使う。塩基の相補性というのは、DNAでは、AとTはペアになり、GとCもペアになるが、それ以外の組み合わせではペアにならない性質のことだ（ただしRNAでは、AとU、GとCがペアになる）。

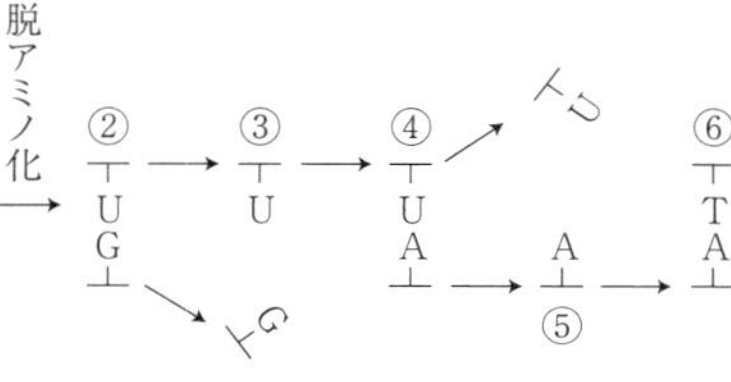

図表6　シトシン（C）が脱アミノ化したDNAの増幅

たとえば、塩基配列の中のあるCが、脱アミノ化してUになった場合を考えよう。CはUに変化したけれど、CとペアになっていたGはそのままである（図表6の②）。

ここで、DNAを増幅してみよう。まず、二本鎖を外して一本鎖にする（図表6の③）。そして、一本鎖になったUに、相補性のルールにしたがってAを結合させて、二本鎖にする（図表6の④。もう片方の、一本鎖になったGにもCを結合させるのだが、図では省略してある）。これでDNA増幅の1サイクルが終わったことになる。

それでは、DNAを、もう1サイクル増幅しよう。まず、二本鎖を外して一本鎖にする（図表6の⑤）。そして、一本鎖になったAに、相補性のルールにしたがってTを結合させて、二本鎖にする（図表

6の⑥。もう片方の、一本鎖になったUにもAを結合させるのだが、図では省略してある）。これでDNA増幅の2サイクル目が終わったことになる。

ここで、図表6の①と⑥を比べると、CがTに（反対側のDNA鎖ではGがAに）置き換わっていることがわかる。こうして、生物が死んだ後の塩基の変化が原因で、古代DNAの塩基配列が変化してしまうことがあるのである。つまり、この部分は、古代DNAをクローニングして塩基配列を読んだ結果ではTになっていたが、おそらくこれは誤りで、Cが正しいと考えられるのである。

Tが誤りでCが正しいと考えれば、さきほど述べた二つの不自然さも解消する。ちなみに、コドンで考えると、ATTは誤りで、ACTが正しいということになる。ATTはイソロイシンを、ACTはトレオニンを指定しているので、アミノ酸で考えると、イソロイシンは誤りで、トレオニンが正しいということになる。

この部分のアミノ酸は、脊椎動物や菌類で広くトレオニンが使われているので、クアッガでもトレオニンが使われていると考える方が自然である。また、クアッガとヤマシマウマの塩基配列を比較したときに、どちらかの系統で（起きる確率の低い）非同義置換が起きたと想定しなくても済む。以上のことから考えて、ACTが正しいことはまず間違いないだろう。

GからAへの変化？

さて、ヒグチらが明らかにしたクアッガの塩基配列229塩基対のうち、クアッガの死後に変化したと考えられる塩基は2ヵ所だった。その一つは、いま述べたようにシトクローム・オキシダーゼⅠの塩基配列の中にあったが、もう一つはNADHデヒドロゲナーゼⅠの塩基配列の中にある。それは、ヒグチらが読んだデータではAになっているところで、本当はGではないかと考えられるのだ。

DNAが劣化したときに起きるのは、脱アミノ化だけではない。塩基の脱落、つまり脱塩基もしばしば起きることが知られている。

さきほど述べたように、ヒグチらはクローニングしてから塩基配列を決定している。クローニングというのは、細菌にDNAを増幅させることで、ヒグチらは大腸菌という細菌を使ってクローニングを行っている。

大腸菌がDNAの複製を行っているときに、脱塩基している部分があると、DNAの複製はいったんそこで止まる。しかし、複製が終わってしまうわけではない。大腸菌は脱塩基している場所にAを入れる性質があるので、そこにAを入れると、再びDNAの複製を開始するのである。

したがって、もしクアッガのNADHデヒドロゲナーゼの塩基配列の中のGが脱落していた場合、クローニングの過程でそこがAに変わってしまうことは十分に考えられる。そして、ここがAであれば、シトクローム・オキシダーゼⅠのときと同様に、二つの不自然さは解消するのである。

ただし、じつはヒグチらは、NADHデヒドロゲナーゼの死後変化も、シトクローム・オキシダーゼIの死後変化と同じように、脱アミノ化が原因ではないかと推測している。たしかに、シトクローム・オキシダーゼIの死後変化の原因が、脱アミノ化であることは確実だろう。しかし、NADHデヒドロゲナーゼの死後変化の原因が脱アミノ化であることは、それほど明らかではないので、ここでは脱塩基の可能性を紹介した。まあ、どちらの可能性もあるということだ。

クアッガの研究の優れていた点

クアッガの研究は、初めて古代DNAの塩基配列を決めたという点で、記念碑的な研究である。ただし、技術的には、とくに目新しいものはない。プロテアーゼK処理とフェノール抽出とエタノール沈殿を使ってDNAを抽出したことも、クローニングを行って塩基配列を読んだことも、当時のオーソドックスな手法である。しかし、それ以外の点で、クアッガの研究には、その後の古代DNAの研究者が見習うべき優れた点が三つあった。

一つ目は、ただDNAが残っていることを確かめただけでなく、きちんと科学的な問題に答えを出していることだ。

前述したように、クアッガの系統学的位置については議論があった。ウマに近縁なのか、シマウマに近縁なのか、確定していなかったのだ。しかし、ミトコンドリアＤＮＡの塩基配列は、クアッガがウマよりシマウマに近縁であることを、はっきりと示していた。

二つ目は、データとして得られた古代ＤＮＡの塩基配列を鵜呑みにせず、劣化している可能性をきちんと検討したことだ。進化的な知見と分子生物学的な知見を総合して、クアッガが死んだ後で変化した塩基を特定し、元の塩基配列を復元したのである。

三つ目は、混入の可能性も検討して、それを確認する実験も行っていることだ。ヒグチらは、クアッガのＤＮＡを一本鎖にして、現生の動物のやはり一本鎖にしたＤＮＡとどのくらい強く結合するか（ハイブリダイズするか）を調べたのである。これを、ハイブリダイゼーションテストという。

塩基配列が似ているほど強く結合するので、そのＤＮＡがどんな生物に近いかを推定することができる。たとえば、クアッガのＤＮＡに、ウマのＤＮＡとヒトのＤＮＡを結合させたら、ウマの方がはるかに強く結合した。したがって、そのＤＮＡはヒトのＤＮＡが混入したものではないと結論できたのだ。もちろん、ハイブリダイゼーションテストで混入かどうかを確実に決めることはできないが、ある程度の目安にはなるのである。

クアッガ研究のその後

その後、クアッガの研究は、さまざまな広がりを見せた。もともとクアッガの古代ＤＮＡ

の話を持ち込んできたのは、南アフリカの博物館の剝製師であるラインホルト・ラウだった。ラウはクアッガの復活を目指していたので、そのためにクアッガの遺伝情報が必要だったのだ。

前述したように、修正されたクアッガの229塩基の配列は、ヤマシマウマと10塩基異なっていた。ところが、サバンナシマウマと比べてみると、完全に一致していたのである。これは、クアッガとサバンナシマウマが同種か、あるいは非常に近縁な種であることを示している。もっとも、調べたのは229塩基だけなので、データとしてはとても少ない。そのため、確実な結論とはいえないけれど、それでもラウには役に立ったようだ。

もともとラウは、クアッガはサバンナシマウマの亜種ではないかと見当をつけていた。ラウはクアッガの多くの剝製を調べて、サバンナシマウマとの形態的な類似性に気づいていたのである。そして、今回の古代DNAの結果も、それに調和的なものであった。そこで、ラウは、クアッガはサバンナシマウマの亜種である可能性が高いと考えて、自信を持ってクアッガ復活計画を進めることができたのである。

クアッガがサバンナシマウマの亜種であれば、つまり遺伝的に近縁であれば、クアッガを作り出していた遺伝子が、サバンナシマウマの集団の中に残っている可能性がある。ただし、クアッガの遺伝子は、サバンナシマウマのたくさんの個体の中にバラバラに分かれて存在しているだろう。そこで、サバンナシマウマを選択的に交配させて、クアッガの遺伝子を、1

頭の個体の中に少しずつ集めていく。それを続けていけば、ついにはクアッガの遺伝子がすべて1個体に集まって、クアッガが復活するだろう、というわけだ。

そして、計画は実行された。１９８６年にクアッガ・プロジェクトがスタートしたのである。約20年が経った２００５年に、ヘンリーと呼ばれる子ウマが生まれた。ヘンリーは体の後半の縞が薄く、クアッガに似た初めてのウマだった。クアッガに似たウマが生まれたのだから、クアッガ・プロジェクトは、いちおう成功したといってよいだろう。

２００６年にラウは亡くなったが、生きているあいだにヘンリーの誕生を見届けることができた。その後も、ラウの遺志を継いで、クアッガ・プロジェクトは続行されている。そして、クアッガに似たウマが生まれると、これらのウマをラウに因(ちな)んで、ラウ・クアッガと呼ぶことになった。絶滅したオリジナルのクアッガと区別するためである。

もちろん、いくつか問題はある。たとえば、ラウ・クアッガとクアッガは、外見は似ているけれど、遺伝的にも似ている保証はない。異なる遺伝子の働きで、同じ特徴が現れることもあるからだ。たとえ外見が似ていても、ラウ・クアッガとクアッガは、遺伝的にはかなり異なるかもしれない。絶滅種の復活に関する問題については、また後の章で検討することにしよう。

第4章　ミイラの古代DNA

スヴァンテ・ペーボ

クアッガの研究はカリフォルニア大学バークレー校のラッセル・ヒグチが中心になって進めてきたが、ヒグチは同校のアラン・ウィルソンのもとで働く博士研究員だった。

ウィルソンは著名な進化学者で、前述したようにマンモスのアルブミンというタンパク質を抗体で検出した人物である。その他にも、分子時計（DNAやタンパク質の進化的変化の速度が、ある程度は一定であること。これは目安であって、実際の時計のように正確なものではない）を使ってヒトとチンパンジーの分岐した年代を推定したり、現在のすべてのヒトのミトコンドリアDNAが約16万年前にアフリカにいた1人の女性に由来するというミトコンドリア・イヴ説を提唱したりしたことでも知られている。

そのウィルソンの研究室に招かれてやってきたのが、のちにネアンデルタール人のゲノムの解析によりノーベル生理学・医学賞を受賞することになる、若きスヴァンテ・ペーボ（1955〜）だった（ゲノムというのはある生物が持つすべての遺伝情報のことで、ある生物が持つすべてのDNAとほぼ同じ意味である。ただし、私たちヒトは父親と母親からほぼ同じDNAを約30億塩基対ずつ受け継ぐので、ゲノムはすべてのDNA〔約60億塩基対〕ではなく、その半分の約30億塩基対になる）。そして、ペーボは、当時はまだ新しい技術であったポリメラーゼ・チェイン・リアクション（PCR）という手法で、やはりクアッガのDNAを増幅することになる。

だが、その話をする前に、まずはペーボによるミイラの研究に触れておこう。

エジプトへの憧れ

スウェーデン生まれのペーボは、13歳のときに母親とエジプトを訪れてから、ファラオやピラミッドやミイラに憧れ、古代のエジプトに夢中になったという。[26] ところが、大学生になって、実際に古代のエジプトに関する研究に携わるようになると、その熱気は冷めて、エジプト学に幻滅してしまったようだ。

大学生のとき、ペーボは2年続けて、夏休みにストックホルムの地中海博物館に行き、目録作りを行った。2年目に博物館に行ったとき、そこでは去年と同じ光景が繰り返されていた。同じ人が同じ時間に同じレストランに行き、同じメニューを頼んで同じエジプト学の話をしていたというのである。多少は誇張もあるかもしれないが、エジプト学の歩みの遅さが、ペーボの好みには合わなかったらしい。

そこで、ペーボは進路を医学に変更し、分子生物学の手法を使って実験を行うようになった。医学の勉強や研究はそれなりに楽しく、ペーボにとって満足のいくものだったようだ。しかし、ヒトやその他の生物からＤＮＡを抽出し、塩基配列を決定しているうちに、心の中に疑問が湧きあがってきた。こうしてＤＮＡを調べることができるのは、現在の生物だけだろうか。それとも、あのエジプトのミイラのように、死んでから何千年も経った遺骸にも、ＤＮＡは残っているのだろうか。

ペーボは、友人でもあるフィンランド人のエジプト学者に口を利いてもらって、何とかミイラの組織片を手に入れることができた。まだ共産圏だった東ベルリンのボーデ博物館の学芸員が、収蔵していたミイラのうち破損していたものから、組織片をいくつか切り取らせてくれたのだ。

ミイラのＤＮＡを調べる

そのミイラは約２４００年前のもので、顕微鏡で観察すると、細胞や細胞核が確認できるものもあった。そこで、ペーボは、エチジウムブロマイドで組織片を染色してみることにした。

エチジウムブロマイドはDNAを検出する試薬である。DNAと結合していないときは紫外線を当てても光らないが、DNAと結合しているときに紫外線を当てると強く光る性質を持っている。そして、ミイラの組織片をエチジウムブロマイドで染色すると、細胞の核が光ったのである。どうやら、ミイラの中にはDNAが残っているらしい。

もっとも、ミイラの組織にDNAが残っていたからといって、それがミイラに由来するDNAとは限らない。それは、千葉県の野菜の無料販売所で、クワコーが無念の思いを噛み締めたときに述べたとおりである。ミイラの中に細菌や菌類が入り込んで増殖すれば、それらのDNAがミイラの中に残ってしまうからだ。

しかし、もしそうなら、ミイラの細胞のいろいろな場所にDNAが残っているはずだ。つまり、核だけでなく、核の周りの細胞質にもDNAが残っているはずだ。しかし、エチジウムブロマイドで染色すると、核だけが光ったのだから、ミイラの細胞の中でDNAが残っていたのは、核だけだったことになる。これは、ミイラ自身のDNAが残っていることを意味している。ミイラ自身のDNAは、そのほとんどが核の中にあるからだ（細胞質の中にあるミトコンドリアにもDNAは存在するが、核に比べれば、その量は非常に少ない）。

さらに、ペーボは、ミイラに残っているDNAの長さを確かめるために、電気泳動を行った。エタノール沈殿のところで述べたが、DNAはマイナスに荷電している。そのため、電場の中に置くと、プラスに向かって移動していく性質がある。ここで、ゲルを使うと、DN

Ａを長さで分けることができるのである。

ゲルというのは、ゼリーやコンニャクのような、粘性のある固体のことだ。ただし、ＤＮＡの実験で使うのは、ゼリーやコンニャクではなく、アガロースやポリアクリルアミドのゲルである。

ゲルには目に見えない小さな穴がたくさん開いているので、ＤＮＡはゲルの中を通ることができる。そこで、ＤＮＡをゲルの中に入れて電場をかけると、ＤＮＡはゲルの中をプラスの方へ移動していく。

とはいえ、ＤＮＡの長さによって、通りやすさは異なる。長いＤＮＡほど通りにくく、短いＤＮＡほど通りやすい。そのため、短いＤＮＡは速く移動し、長いＤＮＡはゆっくりと移動する。しばらく移動させれば、ＤＮＡはゲルの中で、長さによって分離することになる。

それから、ゲルをエチジウムブロマイドで染色すれば、エチジウムブロマイドはゲルの中に浸透していき、ＤＮＡと結合する。ＤＮＡと結合すれば、エチジウムブロマイドは光るので、長さによって分離したＤＮＡを目で見ることができる。

ただし、これだけでは、ＤＮＡが長さにしたがって分離しただけで、その長さ自体はわからない。そこで、あらかじめ長さがわかっているＤＮＡを、ミイラのＤＮＡの隣に泳動しておく。そうすれば、長さがわかっているＤＮＡと比べることで、ミイラのＤＮＡのだいたいの長さもわかることになる。

そういう実験をした結果、ミイラのＤＮＡのほとんどは短いものだったが（死後に分解されたのだろう）、中には数千塩基対という長いものもあった。これは生きている人から採った血液などの、新鮮なサンプルのＤＮＡに匹敵する長さであった。

クローニングと制限酵素

それからペーボは、ミイラのＤＮＡの塩基配列を決めるために、クローニングを行った。クローニングというのは、さきほど細菌を使ってＤＮＡを増やすことだと述べたが、具体的には、（1）短く切ったミイラのＤＮＡを細菌の中に入れて、（2）細菌を増やせばよい。細菌が１００個体に増えればＤＮＡも１００倍に、細菌が１万個体に増えればＤＮＡも１万倍になるわけだ。ちなみに、ミイラのＤＮＡを短く切る理由は、長いままだと細菌の中に入りにくいからである。

ミイラのＤＮＡを短く切るためには、制限酵素を使う。制限酵素というのは、特定の塩基配列を見つけて、その部分を切断する酵素だ。たとえば**EcoR I**（エコアールワン）という酵素は、次のような６塩基の配列を認識して、二本鎖ＤＮＡのそれぞれの鎖を、ずれた位置で切断する。

制限酵素はしばしば実験に使われるが、もとはといえば細菌から発見された酵素である。

切断前
・・・ＧＡＡＴＴＣ・・・
・・・ＣＴＴＡＡＧ・・・

切断後
・・・Ｇ　　ＡＡＴＴＣ・・・
・・・ＣＴＴＡＡ　　Ｇ・・・

どうして細菌がこんな酵素を持っているかというと、それは自分の身を守るためだ。地球には、生物と無生物だけでなく、その中間的な存在がいる。たとえば、ウイルスだ。ウイルスは、自分では増殖することができないので、生物の力を借りて増殖する。そのため、生物に感染する。具体的にいえば、細胞に感染するのである。私たちヒトも細胞でできているので、ウイルスが感染することがあるわけだ。

ところで、大腸菌やコレラ菌のような細菌も、細胞でできている。私たちのような多細胞生物ではなくて、単細胞生物だけれど、とにかく細菌も細胞でできている。だから、ウイルスは細菌にも感染する。

細菌も小さいけれど、ウイルスはもっと小さい。細菌もたくさんいるけれど、ウイルスはもっとたくさんいる。ウイルスは地球上の至るところに存在して、細菌に感染しまくっているのである。ある見積もりでは、ウイルスに感染されることによって、毎日地球上のすべての細菌の約40パーセントが死んでいるという。細菌にとって最大の脅威はウイルスなのだ。

細菌対ウイルス

もちろん細菌も、ウィルスに対して何もしなかったわけではない。進化の過程で、いくつかの防御システムを進化させている。その一つが制限酵素である。

ウィルスが細菌に感染すると、ウィルスは細菌の中にDNAを注入する。このDNAを放っておくと、細菌の中のシステムが、このウィルスのDNAにしたがって働き始めて、ついには細菌の体がウィルスに乗っ取られてしまう。そうなる前に、注入されたDNAを切断しなければならない。そこで働くのが制限酵素なのだ。

ちなみに、さきほど例に挙げた**EcoR I**は、大腸菌の制限酵素である。**EcoR I**は、ウィルスが注入したDNAの中にGAATTCという塩基配列があると、そこを切断するのだ。

しかし、そうすると、こんな疑問が湧いてくる。大腸菌自身のDNAの中にも、GAATTCという塩基配列はあるのではないだろうか。その場合、**EcoR I**は、大腸菌自身のDNAも切断してしまうのだろうか。

いや、さすがにそんなことはない。そこは、うまくできている。たしかに大腸菌のDNAにもGAATTCという配列はあるのだが、その場合はGAATTCの2番目のAにメチル基（$-CH_3$）が付いている、つまりメチル化されている。Aがメチル化されていれば、**EcoR I**はDNAを切断しないので、大腸菌自身のDNAを切断することはないのである。

ということで、ペーボはこの制限酵素を使って、ミイラのDNAを切断したのである。さて、次は、切断したＤＮＡを細菌の中に入れなければならない。

プラスミド

さきほどは、生物と無生物の中間的な存在として、ウイルスを紹介した。しかし、中間的な存在は他にもある。たとえば、プラスミドだ。プラスミドは、ウイルスよりも、さらに無生物に近いものである。

じつは、プラスミドは、ただのＤＮＡである。たいていは、環状になった二本鎖ＤＮＡに過ぎない（まれには、環状になっていない直鎖状の二本鎖ＤＮＡの場合もある）。だから、生物と無生物の中間的な存在ではなく、完全に無生物で、単なる物質であるともいえる。それなのに、なぜ、プラスミドは生物と無生物の中間的な存在である、という見方があるのだろうか。その理由は、プラスミドが、自分やそのコピーが何とかして生き延びることができるように、極めて巧妙な仕組みを進化させているからだ。

プラスミドはいろいろな生物の細胞の中に存在するけれど、たいていは細菌の中に存在する。細菌も生物なので、もちろん自分のＤＮＡ（これを染色体ＤＮＡと呼ぶ）を持っている。そして、生きていくためには、染色体ＤＮＡさえあれば十分だ。ところが、その細菌の中に、染色体ＤＮＡよりずっと小さいプラスミドが入り込むことがあるのである。

このプラスミドが存在し続けるためには、細菌の中に入っただけで、安心してはいけない。

安心して何もしないと、そのうちプラスミドは消える運命にあるからだ。

プラスミドの宿主（しゅくしゅ）である細菌は、ときどき分裂して、二つの細菌になる。プラスミドは、そのうちの片方の細菌に受け継がれる。そうして、細胞分裂を続けていくうちに、細菌は2個、4個、8個、16個と増えていくが、プラスミドが入っているのは、その中の1個だけである。細菌が1万個になっても、100万個になっても、プラスミドが入っているのは一つだけである。だから、その一つの細菌が何かの理由で死ねば（そういうことは、遅かれ早かれきっと起きる）、プラスミドは消えてしまうのだ。

だから、プラスミドが消えずに存在し続けるためには、細胞分裂が起きたときに、両方の細菌に受け継がれなくてはならない。そのためには、プラスミドが、細胞分裂が起きるまでに、細菌の中で増殖しておかなくてはならない。そこで、プラスミドDNAの塩基配列には、細菌の力で増殖させてもらうような配列が含まれているのである（というか、そういう配列を持たないプラスミドは消えてしまったのだろう）。

こういうプラスミドなら、生き残ることができる。宿主である細菌が細胞分裂を続けて、2個、4個、8個、16個と増えていっても、プラスミドはそのすべてに入っているからだ。細菌が1万個になっても、100万個になっても、そのすべてにプラスミドが入っている。これなら、何らかの理由で細菌の大部分が死んだとしても、生き残っている細菌が少しでもいれば、プラスミドは存在し続けることができる。

一難去ってまた一難

しかし、残念ながら、これでめでたしめでたし、とはならない。じつは、細菌の体の中でプラスミドを増殖させることは、細菌にとって負担になる。プラスミドは、細菌にとってお荷物なのである。そのため、プラスミドを持つ細菌と持たない細菌があった場合、プラスミドを持たない細菌の方が速く増殖することができる。これは実際に、実験室で細菌を培養すると実感できる。

三角フラスコに培養液を入れて、そこにプラスミドが入った大腸菌を入れて培養する。そして、しばらくすると、なぜか三角フラスコの中は、プラスミドを持たない大腸菌ばかりになってしまうのだ。

おそらく培養しているうちに、プラスミドを吐き出したりして、プラスミドを持たなくなった大腸菌が、少しは生じてくるのだろう。そういう大腸菌は、プラスミドというお荷物を抱えていないので、すばやく増殖できる。そのため、いったんプラスミドを持たない大腸菌が現れると、たちまちプラスミドを持つ大腸菌を圧倒して、三角フラスコの中はプラスミドを持たない大腸菌ばかりになってしまうのである。

これでは、プラスミドは絶滅してしまう。それでは、プラスミドが生き残るためには、どうすればよいだろうか。

プラスミドの生き残り戦略

プラスミドが生き残るための方法の一つは、細菌にとって利益になるような遺伝子を持つことだ。そういう遺伝子としては、抗生物質耐性遺伝子がある。

抗生物質というのは、細菌を殺すために、カビなどが分泌する物質で、ペニシリンが有名である。しかし、もし細菌がペニシリン耐性遺伝子を持っていれば、ペニシリンで死ななくてすむ。そこで、プラスミドの中にペニシリン耐性遺伝子が含まれていれば、それは細菌にとって利益になるだろう。

さきほどのように、実験室で大腸菌を培養することを考えてみよう。大腸菌にはいろいろな系統があるが、たいていの大腸菌の染色体DNAには、ペニシリン耐性遺伝子は含まれていない。そんな大腸菌の一部に、ペニシリン耐性遺伝子を持つプラスミドを導入して、培養してみるわけだ（後述するように、ある化学的処理をすれば、比較的簡単にプラスミドを大腸菌に入れることができる）。

そういう大腸菌なら、ペニシリンを入れた培養液の中でも生きていける。もしも、プラスミドを吐き出したりして、プラスミドを持たない大腸菌が現れても、そういう大腸菌はペニシリンで死んでしまう。したがって、三角フラスコの中は、プラスミドを持った大腸菌だけが増えていくことになる。このように、大腸菌に何らかの利益を与えれば、プラスミドは生き残ることができるのである。

ミイラの遺伝子を細菌に導入する

制限酵素とプラスミドの話をしてきたが、これはクローニングの説明をするためであった。クローニングの第1段階は、ミイラのDNAを細菌の中に入れることだが、この段階では、制限酵素とプラスミドを使用する（図表7）。ミイラのDNAを制限酵素で切って、それをプラスミドの中に挿入して、それからプラスミドもろとも細菌の中に入れるのだ。

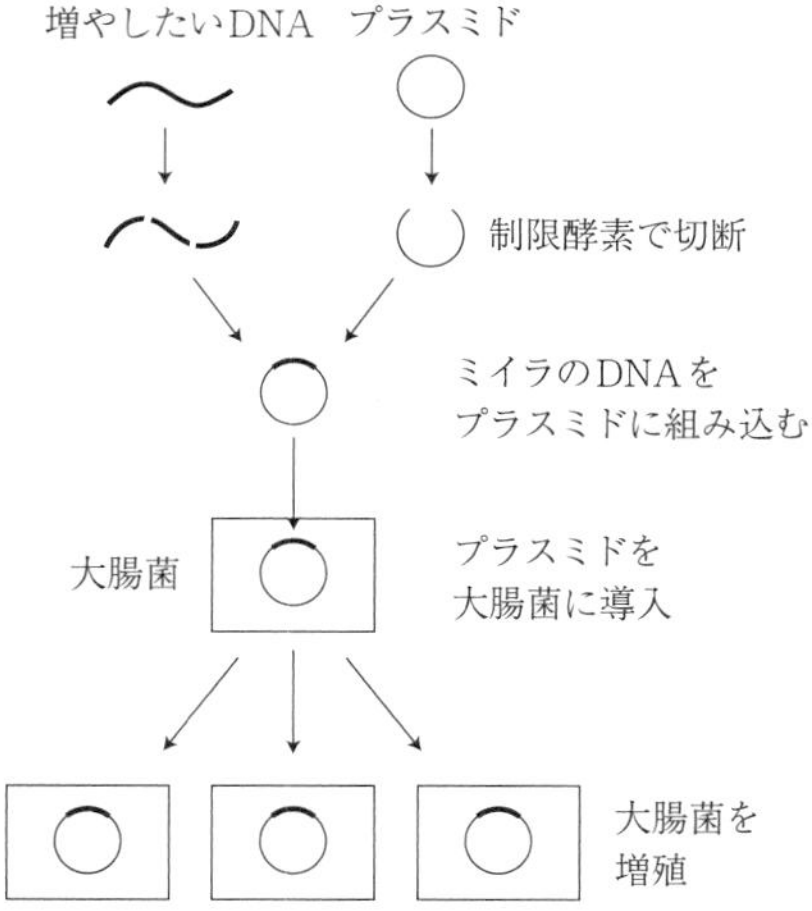

増やしたいDNA　プラスミド
制限酵素で切断
ミイラのDNAを
プラスミドに組み込む
大腸菌
プラスミドを
大腸菌に導入
大腸菌を
増殖

図表7　クローニングの手順

それでは、具体的に説明していこう。まず、ミイラのDNAを制限酵素で切断する。そして、プラスミドも、同じ制限酵素で切断しておく。そして、両方を混ぜて、DNA同士を繋ぐ酵素（DNAリガーゼという）を加えると、プラスミドとミイラのDNAが結合する。

異なる制限酵素で切断すれば、切断される塩基配列も異なるけれど、同じ制限酵素

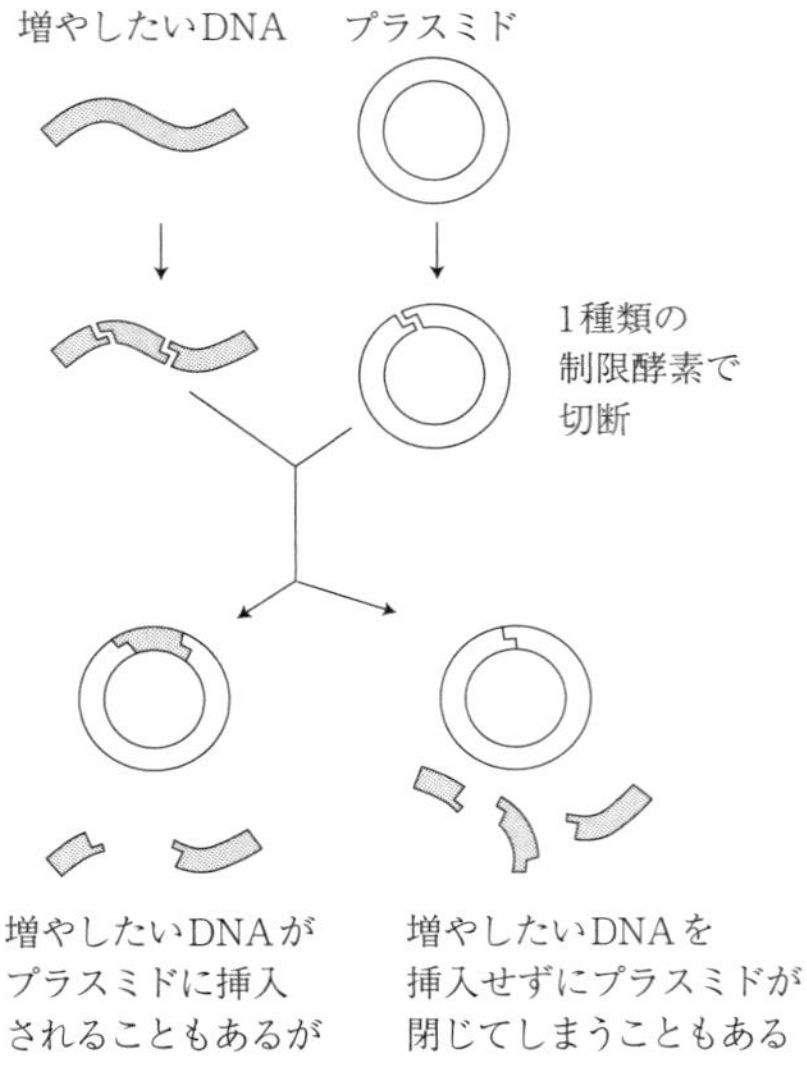

増やしたいDNA
プラスミド
1種類の
制限酵素で
切断
増やしたいDNAが
プラスミドに挿入
されることもあるが
増やしたいDNAを
挿入せずにプラスミドが
閉じてしまうこともある

図表8　1種類の制限酵素で切断した場合

で切断すれば、切断される塩基配列は同じになる。したがって、プラスミドとミイラのDNAを同じ制限酵素で切断すれば、切断面の塩基配列は同じなので、プラスミドとミイラのDNAが結合することもあるわけだ。

しかし、たとえば、プラスミドの切断されたところが再び結合してしまい、元の環状のプラスミドに戻ってしまうこともある（図表8）。さらに、二つのプラスミドが結合して、大きな環状のDNAになってしまうこともある。こういうことが増えると実験の効率が下がって、たいてい実験は失敗に終わる。そこで、効率を上げるために、何らかの工夫をすることが多い。

たとえば、プラスミドの近接した2ヵ所を、異なる2種類の制限酵素で切断すれば、元の環状プラスミドに戻ることを防ぐことができる（図表9）。そして、ミイラのDNAも同様に、異なる2種類の制限酵素で切断しておけば、ちゃんとプラスミドに挿入することができ

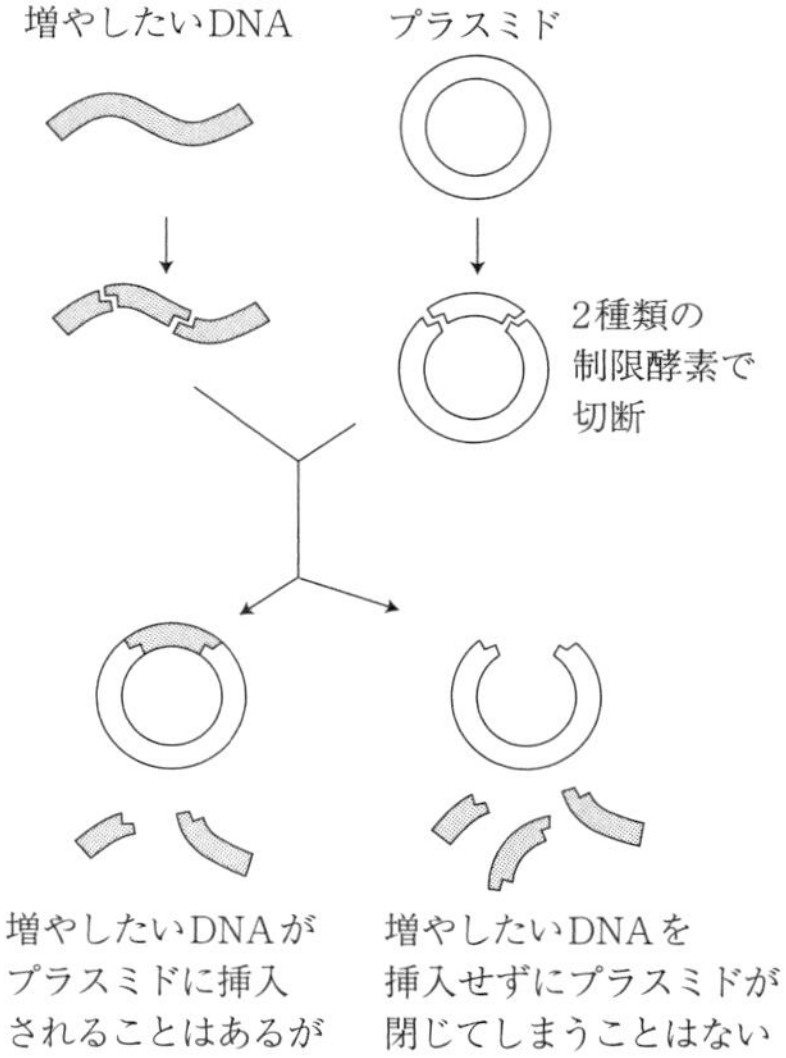

プラスミド
増やしたいDNA
2種類の制限酵素で切断
増やしたいDNAがプラスミドに挿入されることはあるが
増やしたいDNAを挿入せずにプラスミドが閉じてしまうことはない

図表9　2種類の制限酵素で切断した場合

るわけだ。こういう工夫はいろいろあるけれど、これ以上深入りすることはやめて、話を先に進めよう。

ここまでの話で、どこまで実験が進んだかというと、切断されたプラスミドにミイラのDNAが挿入されたところまでだ。

さて、大腸菌に、塩化カルシウムなどを使って一定の化学的処理をすると、大腸菌の細胞膜の透過性を高めることができる。そういう大腸菌にプラスミドを混ぜておくと、大腸菌の中にプラスミドを入れることができる。これで、クローニングの第1段階は、終了だ。ミイラのDNAを大腸菌の中に入れることに成功したのである。

ミイラの遺伝子を大腸菌で増やす

次の第2段階は、大腸菌を増やすことだ。大腸菌が増えれば、それと一緒にプラスミドも増えていき、結果的にミイラのDNAも増えることになる。DNAの増幅には複雑な化学反応が必要だけれど、それは大腸菌がやってくれるので、私たちはほとんど何もしなくてよい。ただ、大腸菌を培養して増やすだけでよい。ただし、忘れてはいけないことは、あらかじめプラスミドに抗生物質耐性遺伝子を組み込んでおくことと、培養液に抗生物質を入れておくことだ。そうしないと、プラスミドを持たない大腸菌ばかりが増えてしまい、プラスミドを持った大腸菌は絶滅してしまうからだ。

さて、首尾よくミイラのDNAが挿入されたプラスミドを持つ大腸菌が増えた場合、最後に大腸菌を培養液から寒天培地(ばいち)に移さなくてはならない。寒天培地に移す目的は、大腸菌の単離(たんり)(1個体ごとに分離すること)だ。ちなみに、寒天培地にも抗生物質は入れておかなくてはいけない。

培養液の中の大腸菌はプラスミドを持っているが、そのプラスミドの中に入っているミイラのDNAはいろいろである。ペーボはミイラのDNAを制限酵素で切断したが、切断される部位はたくさんあるからだ。

私たちヒトのDNAには、一つの制限酵素で切断される部位が、たいてい何万ヵ所も何十万ヵ所もある。ミイラのDNAは、数千年の時を経るあいだに、かなり減っているので、切断される部位もそこまで多くはないだろう。それでも、数え切れないほどたくさんあるはずだ。

したがって、切断されてプラスミドに挿入されたミイラのDNAは、プラスミドごとに異なると考えてよい。つまり、挿入されたDNAの塩基配列は、プラスミドごとに異なるのだ。それらを一緒くたにして解析したら、すべてが混じって何が何だかわからなくなってしまう。そこで、大腸菌を1個体ごとに分ける必要がある。

大腸菌を培養液から寒天培地に移すには、白金耳（はっきんじ）を使う。白金耳というのは、おもに微生物の移植に用いる針金のことで、先端が曲げられてループ状になっていることが多い。この白金耳を培養液に少し浸（つ）けてから、寒天培地の表面にそっと擦りつけるのである。擦りつけるときには、白金耳をギザギザに動かしながら、なるべく広い範囲に培養液を広げていく。そうすることによって、培養液は寒天培地の上で薄く広がり、大腸菌を1個体ごとに分離することができるのだ。

その後、寒天培地で一晩ぐらい培養すると、寒天培地の表面に丸いコロニーが生じてくる。それぞれのコロニーは、たった1個体の大腸菌が増えたものなので、その大腸菌が持っているプラスミドに挿入されたDNAもすべて同じである。つまり、すべて同じ塩基配列を持っている。こうして、ミイラのDNAの同じ部分が増幅されれば、塩基配列を決定することができる（ペーボはサンガー法という方法で塩基配列を決定したが、この方法はDNAの量がかなり必要なのだ）。そして、実際に、ペーボは塩基配列を決定することに成功した。その塩基配列は、3400塩基対という古代DNAとしてはかなり長いものだった[27と28]。

ミイラの遺伝子ではなかった

しかし、現在では、(ペーボ自身も認めているように)ペーボが決定したミイラの遺伝子は、現代人からの混入だったと考えられている。一般に、古代DNAは断片化しており、150塩基対を超えるものはほとんどない。それに対して、ミイラのDNAの3400塩基対というのはあまりにも長い。しかも、そのDNAに、死後の変化がなかったというのも腑に落ちない。死んでから140年しか経っていないクアッガのDNAにも死後の変化が認められたのに、2400年前のミイラのDNAに死後の変化が認められないというのは、おかしな話だ。おそらく、ミイラのDNAと思われたものは、(ペーボ自身が指摘しているように)ウプサラ大学の同じ実験室で研究されていた移植抗原遺伝子が混入したものと考えられる。

問題点は二つあった。一つは、組織や細胞が保存されていることと、DNAなどの分子が保存されていることは、かならずしも関係がないということだ。剥製やミイラの組織を顕微鏡で観察したときに、細胞の構造がよく保存されていると、私たちはついDNAも同じくらいよく保存されているのではないかと、熱い期待を抱いてしまう。しかし、そういうときは、あまり熱くならない方がよいらしい。

たとえば、シベリアの永久凍土から発見されたマンモスの中には、組織などが非常によく残っているものもある。そういう保存状態が最高のマンモスの組織に含まれるDNAですら、骨に保存されているDNAより状態が悪いことが多いらしい。[29] 骨のような頑丈な構造で守られていないマンモスの組織やミイラのDNAは、かならずしも保存状態がよいとはいえないようだ。

ただし、骨よりも筋肉などの組織の方が、もともとのDNAの量が多いことは確かである。そのため、クアッガのように比較的新しいサンプルの場合は、うまく解析できる場合があるのだろう。

もう一つの問題点は再現性がないことだ。クローニングを行うためにはDNA断片をプラスミドに入れなければならないが、じつは、この効率はかなり悪い。

まず、DNAを制限酵素で切ると、さまざまな種類のDNA断片がたくさんできる。そのDNA断片をプラスミドと混ぜて反応させても、ほとんどのDNA断片はプラスミドに入らない。プラスミドに入るDNA断片は、本当にごくわずかなのだ。しかも、プラスミドに入ったDNA断片の種類は、プラスミドごとに異なる。そのため、たくさんのプラスミドを使って、その中のDNA断片の塩基配列を決定しても、同じ塩基配列が得られることはほとんどない。そのため、他の研究者が後で追試をして確かめることができないのだ。

とはいえ、ペーボによるミイラの研究が、すべて間違っていたわけではない。ミイラの細胞の核がエチジウムブロマイドで染色すると光ったのであるから、核の中には実際にDNAが残っていたのだろう。そして、そのDNAは、ミイラに由来するものである可能性が高いと考えられる。たぶん、そこまでは、ペーボは正しかったのだ。

しかし、おそらくミイラに由来するDNAは150塩基対より短い断片になっていたはずだ。だから、プラスミドに入ったDNA断片をいくつか読んで、その中から150塩基対以下の短い塩基配列を選んでいたら、それはミイラのものだったかもしれないのだ。しかし、ペーボは3400塩基対という長いDNA断片を選んでしまった。それが失敗だったのだろう。

ただし、これは仕方のないことでもあった。当時は、まだヒトゲノム計画も始まっておらず、ヒトのDNAのほんの一部しか解読されていなかった。そのため、やみくもにミイラから得られたDNAの塩基配列を読んでも、それが細菌などからの混入ではなく、ミイラ（つまりヒト）のDNAであることを確認することができなかったのだ。

もちろん、ヒトのDNAであることが確認できたからといって、混入でないとはいえない。ミイラではなく現代人からの混入かもしれないからだ。しかし、一般的に、古代DNAの混入で一番多いのは、細菌のDNAである。まずは、細菌のDNAである可能性を排除しないと話にならない。そのため、すでに知られているヒトのDNAを見つけて、その塩基配列を読むしかなかったのだ。

そこで、ペーボは、プラスミドに挿入されているDNA断片の中から、すでに知られているヒトのDNAを見つけて（そのためには、すでに知られている塩基配列を持つDNA断片と結合するかどうかを確認すればよい）、その塩基配列を読んだのである。

このように、いくつもの制約のもとで、古代ＤＮＡの研究は始まった。しかし、この分野の研究が停滞することはなかった。なぜなら、古代ＤＮＡの研究は、すぐに次のステップへと進んだからである。その原動力となったのは、ポリメラーゼ連鎖反応（ポリメラーゼ・チェイン・リアクション、略してＰＣＲと呼ばれる）という新しい技術の開発であった。

第5章　PCRという新技術

夢と現実

本書の第2章では、夢の話をした。

琥珀の中に保存された太古の昆虫から恐竜の血液を抽出して、恐竜を復活させるというアイデアは、ペレグリーノやトカーチらによって、1980年代半ばまでには、すでに考えられていた。

また、ポイナーとヘスは、4000万年前という太古の琥珀中に保存されたハエを観察して、核やミトコンドリアなどの細胞内の構造まで保存されていることを、1982年に報告していた。

こうなったら、何千万年も大昔のDNAだって残っているかもしれない、と期待するのは人の性（さが）だろう。しかし、夢を見ることができたのは、ここまでだった。たとえ大昔のDNA

が残っていたとしても、その量が非常に少ないことは明らかだ。そして、当時のクローニングという技術では、そんな少ないDNAを解析することはできなかったのである。

本書の第3章と第4章では、現実の話をした。数百年から数千年前という比較的最近の剥製やミイラなら、クローニングでも解析できるぐらいのDNAが残っている可能性がある。そして、実際にそういう研究が行われ、1984年には、140年前に死んだクアッガの剥製から抽出されたDNAについて、塩基配列が決定された。さらに、DNAの死後変化についての知見も得ることができた。ミイラの研究における失敗などもあったけれど、比較的最近の古代DNAならば、十分研究の対象になることがわかったわけである。

とはいえ、まだ1980年代には、大昔の夢のDNAと比較的最近の現実のDNAの間に、接点はなかった。しかし、両者の間の溝を埋める準備は、着実に進んでいた。1980年代後半になると、PCRという新しい技術が普及し始めたのである。PCRには、夢と現実を結びつける力があったのだ。

ポリメラーゼ連鎖反応

PCRはDNAを簡単に増幅できる技術で、考案したのはキャリー・マリス（1944〜2019）である。カリフォルニア州バークレーのバイオテクノロジー企業であるシータス社の社員だった彼は、ある6月の夜、交際相手とドライブをしているときに、突然ＰＣＲのアイデアが閃(ひらめ)いたという。実際に実験してみて、うまくいくことを確認したのが１９８３年の12月で、分子生物学の分野で有名なコールド・スプリング・ハーバー・シンポジウムで発表したのが１９８６年だ。そしてＰＣＲは、早くも１９９０年代には、分子生物学でもっとも広く用いられる手法となったのである。ちなみに、キャリー・マリスは、ＰＣＲを開発した功績によって、１９９３年にノーベル化学賞を受賞している。

どうして、こんな簡単な方法を誰(だれ)も思いつかなかったのだろう。マリス自身も、そう思ったようだが、その他の多くの分子生物学者も、そう思ったに違いない。それほどＰＣＲの原理は簡単だった。

ＤＮＡが、ヌクレオチドがたくさん繋がったものであることは、すでに述べた。したがって、ＤＮＡの端にヌクレオチドを繋げていけば、ＤＮＡは伸びていく。しかし、そういうことができるのは、ＤＮＡの片方の端だけだ。

じつはＤＮＡには向きがあって、片方にしか伸ばすことができない。ＤＮＡの両端は、それぞれ5'（ファイブプライム）末端と3'（スリープライム）末端と呼ばれるが、ＤＮＡは3'末端の方向にしか伸ばすことができないのだ。この性質をうまく使って、ＤＮＡの一部を増幅する技術がＰＣＲである。

ＤＮＡは、通常は二本鎖になっているのだが、ＰＣＲでは、まずそれを一本鎖にする。その一本鎖に、プライマーと呼ばれる、20〜30塩基ぐらいの短い一本鎖DNAを結合させる。そして、DNAの材料を加え、さらにDNAの材料をDNAの3'末端に結合させる酵素も加えてやって、プライマーを3'末端の方向に伸ばしてやるのである。そうすると、プライマーが伸長した部分は二本鎖になるので、またそれを一本鎖にしてプライマーを結合させる。そういうサイクルを30回ぐらい繰り返すのだ。

ただし、プライマーは1種類ではなく、DNAの増幅したい領域を挟むように、プライマーを2種類作って、二本鎖のそれぞれの鎖に結合するようにしておく。そういうプライマーをたくさん作っておけば、プライマーに挟まれた領域がどんどん増えていくことになる。1サイクルでDNAが2倍に増えるので、30サイクルも繰り返せば、2の30乗で約10億倍に増える。実際には、そこまで理想的にはいかないけれど、数百万倍から数千万倍ぐらいには増やすことができるのである。

もっとも、DNAを増幅する力だけを比べれば、クローニングだって負けてはいない。条件がよければ細菌だって分裂して、2倍、4倍、8倍と増えていくのだから、PCRとほとんど互角である。増える速さはPCRより遅いけれども、それはたいした問題ではないだろう。PCRなら2〜3時間でできることが、クローニングでは（寒天培地での培養も含めると）2〜3日かかってしまうけれど、その程度の違いである。

それよりはるかに重要なのは、増幅するDNAの最初の量である。クローニングを行うためには、かなりの量のＤＮＡが必要になるが、ＰＣＲを行うためには、（理論上は）ＤＮＡが１分子あればよい。実際には、さすがに１分子ではうまくいかないようだが、とにかくＤＮＡがほんの少しあれば、ＰＣＲは行うことができる。これは、もともとのＤＮＡ量が少ない古代ＤＮＡの研究にとっては、非常に大きなメリットだ。時間がかかるとか、効率が悪いとか、そういう問題ではない。そもそもクローニングではできないことが、ＰＣＲならできるのだ。

しかも、ＰＣＲは手軽に行える実験である。なぜなら、ＰＣＲにおける連鎖反応は、温度を変えるだけで自動的に進んでいくからである。

具体的には、（１）96度ぐらいにすると二本鎖が一本鎖になり、（２）50度ぐらいにするとプライマーが結合し、（３）72度ぐらいにするとプライマーが伸長するのである。このような温度変化を30回ぐらい繰り返すだけで、（前もって必要なものを全部入れておけば）ＤＮＡが数百万から数千万倍にも増えるのだ。

とはいえ、ＰＣＲが開発されてから間もない頃は、１サイクルごとに酵素を入れたり、温度の調節を人力で行ったりしていたので、かなり大変だったらしい。単純作業といえば単純作業なのだけれど、数時間も付きっきりで、正確に作業を続けるのは、結構つらいことだろう。しかし、最初に１回だけ入れればよい酵素が開発されたり、温度変化を自動で行う機械が普及したりしてからは、ＰＣＲは劇的に手軽な方法となったのである。

PCRは再現性がある

このようにPCRは、DNAを増幅するすばらしい技術だが、じつはよいところがもう一つある。それは、再現性があることだ。

前述したように、クローニングには再現性がほとんどない。これは、古代DNAの研究にとっては致命的だ。古代DNAには、つねに本物か偽物かという疑問が付きまとう。それを検討するためには、同じサンプルから、あるいは同じ種の別のサンプルから、繰り返しDNAを抽出して調べる必要がある。クローニングでは、それが難しいのだ。

しかし、PCRなら、同じサンプルから、あるいは同じ種の別のサンプルから、同じDNAを何度でも増やすことができる。PCRは、二つのプライマーに挟まれた領域を増幅する。そのため、同じプライマーを使えば、正確に同じ領域を増やすことができるのである。

最初の古代DNAの研究としては、クアッガが有名である。報告されたクアッガのDNAの塩基配列は、クアッガに由来する本物だと考えられているが、じつは、その強い根拠は、のちにPCRを使って追試が行われたからだ。

PCRを使ってクアッガの追試を行ったのは、ペーボである。[29] ペーボは、ヒグチが使ったのと同じサンプルからDNAを再び抽出して、ヒグチがクローン化した領域をPCRで増幅した。そして、ヒグチが発表した塩基配列とは2ヵ所だけ塩基が異なる結果を得た。その2

ヵ所は、ヒグチが、クアッガが死んだ後で変化したものだろうと予想した部位だった。ヒグチがクローニングをして塩基配列を読んだ結果では、その2ヵ所はTとAになっていた。しかし正しくは、つまりクアッガが生きていたときには、その2ヵ所はCとGであっただろうと、ヒグチは予想した（その根拠については前述した）。そして、ペーボがPCRをして塩基配列を読んだ結果では、その2ヵ所はヒグチの予想どおりCとGになっていたのである。どうやらPCRは、クアッガの正しい塩基配列を増幅したらしい[30]。

なぜPCRは、正しい塩基配列を持つDNAを増幅できるのだろうか。ペーボの考えは、こうである。DNAの中で損傷した部位があると、DNAを伸長させる化学反応が止まるか、少なくとも反応速度が遅れる。そのため、損傷しているDNAは、損傷していないDNAに比べて、増殖速度が遅くなる。サイクルを重ねるにつれて、その差は大きくなっていき、PCRによる最終的な産物の大部分は、損傷していないDNAで占められることになる、というのである。

ただし、クアッガの場合の死後変化は、脱アミノ化が原因と考えられる。この場合、塩基の種類が変化するだけなので、DNAを伸長させる化学反応に遅れは生じない。そのため、増殖速度の違いでは説明できない。おそらく今回は、もともと剝製の中にあったDNAのごく一部に脱アミノ化が起きていたのであって、大部分のDNAには脱アミノ化が起きていなかった可能性が高い。そのため、PCRによる最終的な産物でも、脱アミノ化されていない

DNAが多くなり、それが塩基配列に反映されたのであろう。

一方、ヒグチが行った実験では、たまたま脱アミノ化されたDNAが挿入されたプラスミドを持つ大腸菌を使って、塩基配列が決定されたのだと考えられる。

ナマケモノという動物

PCRによって、古代DNAを増幅できる可能性は大幅に高まった。そこでペーボは、PCRを使って、ブタやミイラや絶滅種であるフクロオオカミなど、いろいろなDNAを解析し始めた。ここでは、この時期のペーボの研究としてはもっとも有名な、地上性ナマケモノの古代DNAの研究について紹介しよう。これは、さきほどの言い方をすれば、PCRによって夢と現実がうまく繋がった例といえるだろう。

ナマケモノは世界でももっとも動きののろい哺乳類で、現在も中央アメリカから南アメリカの熱帯雨林に生息している。長い鉤爪(かぎづめ)で木につかまり、ほとんどの時間を木にぶら下がったまま、動かないで過ごす。あまりにも動かないため、毛にコケが生えてしまうこともあるそうだ。そのため、体が少し緑色に見えたりするが、熱帯雨林ではこの方が好都合らしい。身を隠す保護色になるからだ。

体内の代謝速度も遅いため、エサも少なくて済むらしい。やはり木の上に棲んでいて、だいたい同じ大きさのコアラが、1日に500グラム以上も食べるのに対して、ナマケモノは

1日に10グラムほどしか食べないという話もあるくらいだ。
ナマケモノは、哺乳類としては珍しく変温動物である。そのため、気温が下がると動けなくなる。私たちヒトも哺乳類だが、体温はだいたい37度で、気温にかかわらずほぼ一定である。そのため、少しぐらい寒くても、活発に動くことができるわけだ。しかし、私たちのように体温を一定に保つためには、体内の代謝を活発にしなければならないし、そのためには、かなりの量の食事を摂らなくてはならない。その点、ナマケモノは変温動物なので、エサが少なくて済むのだろう。

しかし、動きがのろいために、捕食者には襲われやすい。地上を歩くのは苦手で、前足で胴を引きずりながら進むことも多い。これでは、捕食者にとっては格好の的になってしまう。そのため、ほとんどの時間を樹上で過ごして、身を守っているのだと考えられる。

とはいえ、樹上といえども、完全に安全でないことはもちろんだ。中央アメリカから南アメリカには、巨大なワシがいる。翼を広げると2メートルにもなるオウギワシ（扇鷲）だ。オウギワシはナマケモノを好んで食べるらしく、ある報告では（重量で測ると）エサの半分以上がナマケモノであったという。やはり自然界で生きていくのは大変らしい。

ところが、面白いことに、泳ぎは驚くほど得意で、長い腕を器用に使って泳ぐ。ときには、木の上から川へ飛び込むこともあるらしい。アマゾンなどの雨季には洪水が起きることがあるので、泳げない個体は生き残れなかったのかもしれない。

ナマケモノの進化

このように、現生のナマケモノは樹上に棲んでいるけれど、昔は地上で暮らしていたらしい。有名なものとしては、メガテリウムがいる。これは、約1万年前まで南アメリカに棲んでいた、ナマケモノの仲間だ。体長が5～6メートル、体重が3～4トンという巨体なので、もちろん木に登ることはできず、草原に棲んでいたと考えられている。木の上の方の葉を食べるときには、後ろ足で立ち上がったかもしれない。

メガテリウムよりは少し小さいミロドンというナマケモノも、1万年前ほど前まで南アメリカで生きていた。これも地上性のナマケモノで、メガテリウムより小さいとはいえ、体長が3～4メートルはあったので、カバぐらいの大きさだ。

これらの地上性のナマケモノが約1万年前に絶滅した理由としては、ヒトが狩り尽くした可能性も否定はできない。しかし、それを示す証拠はあまりない。寒冷な氷期が終わったタイミングも近いので、気候の変化が絶滅した原因かもしれない。理由はよくわからないけれど、地上性のナマケモノが絶滅して、樹上性のナマケモノだけが生き残ったのは事実である。

現生の樹上性のナマケモノは、前肢(ぜんし)から生える長い鉤爪の数で、大きく二つのグループに分けられる。鉤爪が2本のフタユビナマケモノと、3本のミユビナマケモノだ。

ただし、これらのナマケモノが樹上生活に適応したのは、比較的最近のことと考えられる。

樹上に棲む動物としては、どちらもかなり大型で、木の上をすばやく動けるわけでもないし、排便のときなどは、その都度地上に下りてくるからだ[26]。

そうすると、こんな疑問が湧いてくる。地上性から樹上性への進化は、1回だけ起きたのだろうか、それとも2回以上起きたのだろうか。これは決してささいな疑問ではない。これに答えることができれば、進化は繰り返すか繰り返さないかという、大きな問いへの答えの一部となるからだ。

この問いに答えるために、ペーボらは、現生のフタユビナマケモノとミユビナマケモノのDNA、および絶滅した地上性ナマケモノのDNAを使用した。絶滅した地上性ナマケモノのDNAは、骨や歯や糞（ふん）などの化石から抽出した[31]。

使用した化石は、南北アメリカとキューバから産出した45個で、そのすべてについて、PCRによるDNAの増幅が試みられた。その結果、2個の化石でDNAの増幅が見られた。塩基配列を決定したところ、両者は一致していた。ちなみに、その2個の化石は、それぞれニューヨークのアメリカ自然史博物館とロンドン自然史博物館から譲り受けたもので、両方とも約1万3000年前のミロドンの骨の化石であった。

実験は慎重に行われた。すべての作業は古代DNA専用の実験室で行われ、器具や試薬もすべて専用のものが使用された。現生の生物を扱う実験室は、現生のDNAで汚染されているので、そこで使われたものは一切使わないようにしたのである。さらに、化石の一部は別の研究室に送られ、そこでも独立に同じ実験が行われた。その結果、同じ塩基配列が得られることが確認されている。

古代DNAの研究では、別々の研究室で同じ実験を行うことが非常に有効である。もし両者の結果が一致すれば、実験中に混入が起きた可能性を、大幅に減らすことができるからだ。

混入には、大きく分けて二つの種類がある。一つは化石として堆積（たいせき）しているときに、細菌や菌類などの微生物が化石中で繁殖して、DNAを混入させる場合だ。骨には有機物が含まれているので、細菌などの格好の棲み家になるのである。これは、古代DNAの研究では避けて通ることのできない混入で、千葉県の大学に勤めるクワコーが野菜の無人販売所で悔しい思いをした話で述べたとおりである。実際、ミロドンの化石でも、抽出されたDNAの99・9パーセントは微生物のDNAであり、ミロドンに由来するDNAは0・1パーセントしかなかったようだ。

もう一つの混入は、研究室で実験をしているときに、他の実験で使っているDNAや研究者自身のDNAが混入するケースだ。ペーボのミイラの研究が失敗したのは、こちらの混入があったためだし、本書のこれからの話の中でも、こういう混入はしばしば登場する。しかし、別々の研究室で実験を行って、結果が一致することを確認すれば、少なくともこちらの混入の可能性は排除することができるわけだ。

さて、PCRで増幅されたのは、具体的にはミトコンドリアにある12Sリボソームおよび

16Sリボソームの遺伝子で、それぞれの遺伝子で574塩基と555塩基、合わせて1129塩基の塩基配列が決定された。

もっとも、ミロドンの古代DNAは短く断片化されており、1回のPCRで500塩基以上の長いDNA断片を増幅することは不可能だった。そこで、一部が重なり合っている短いDNA断片（約200〜340塩基）をいくつか増幅して、それらを繋げて長い塩基配列を推定したのである。

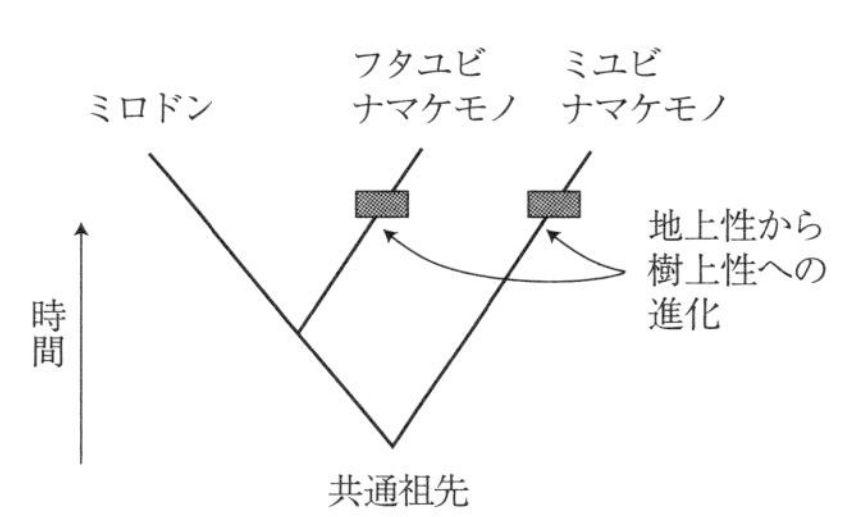

図表10　ナマケモノの進化

樹上性は収斂現象

現生種および絶滅種のナマケモノの塩基配列を比較することにより、ミロドンはミユビナマケモノよりもフタユビナマケモノに近縁であることが明らかになった（図表10）。

前述したように、かつてのアメリカ大陸には多くの地上性ナマケモノが生息しており、樹上性が進化したのは比較的最近のことと考えられる。そのため、3種の共通祖先は地上性だったと考えるのが妥当だろう。そうすると、樹上性という生態が進化したのは、1回ではなく2回だと考えなければ説明がつかない。つまり、フタユビナマケモノとミユビナマケモノは、別々に、地上性から樹上性へと進化したことになる。このように、系統的に異なる生物が独立に同じような形質を進化させることを、収斂（しゅうれん）という。

地上性ナマケモノが絶滅した時期は、氷期が終わって温暖化していく時期と、ほぼ重なる。その一方で、樹上性ナマケモノは生き残ったので、地上性から樹上性への進化は気候の変化への適応と考えられたこともあった。

つまり、こういうシナリオだ。地上性のナマケモノの一種が、たまたま樹上性のナマケモノに進化した。地上性より樹上性の方が気候に適応していたので、樹上性のナマケモノは数を増やしていき、一方、地上性のナマケモノは減少していく。そして、現在では、地上性のナマケモノは絶滅して、樹上性のナマケモノだけが生息しているのである。

しかし、この場合は、地上性から樹上性への進化は1回である可能性が高い。なぜなら、もし樹上性の方が気候に適しているのなら、樹上性ナマケモノは速やかに増加していき、比較的短期間で地上性ナマケモノと交替してしまうと考えられるからだ。その短いあいだに、同じような突然変異がもう1回起きて、別の系統の樹上性ナマケモノが現れる確率は（もちろんゼロではないが）低いだろう。

そのため、以下のような、別のシナリオの方が可能性は高いと考えられる。かつては、すべてのナマケモノが地上性だった。しかし、その中から、たまたま樹上性に進化するものが現れた。しかし、地上性も樹上性もそれなりに環境に適応していたので、両者は共存して生息するようになった。そうして長期にわたって共存しているうちに、別のいくつかの系統でも、たまたま樹上性への進化が起きた。そういうシナリオである。

つまり、かつては、いろいろなナマケモノがいたのだ。地上性のものもいたし、樹上性のものもいた。そして、樹上性の中にも、複数の系統が存在していたのである。そういう状態のもとで、何かが起こり、地上性のナマケモノは絶滅し、樹上性のナマケモノが生き残った。そう考えれば、フタユビナマケモノとミユビナマケモノの樹上性が収斂現象であることは説明できるけれど、それでは地上性のナマケモノだけを絶滅させた何かとは、いったい何だろうか。

それは、はっきりとはわからない。しかし、一つの可能性として、すぐに思いつくのはヒトの進出や増加だ。

地上性のナマケモノは、かなり体が大きい。そのことが、ある程度は捕食者からの防御になっていた。今回ミトコンドリアDNAの塩基配列が決定されたミロドンは、カバぐらいの大きさだったし、メガテリウムに至っては小型のバスほどもあった。それでも捕食者に襲われることはあっただろうが、体が大きいほど、その確率は低くなったはずだ。

しかし、体の大きさに関係なく、いやむしろ体が大きいほど喜んで襲ってくる生物が1種だけいる。それがヒトだ。大きな獲物を倒せば、食料がたくさん手に入るからだ。そのため、草原をのんびりと歩いている地上性のナマケモノは、狩猟の格好のターゲットになった可能性は高いだろう。

体が大きいといっても、たとえばゾウはかなり気の荒い動物で、狩りをするにはかなりの危険が伴う。しかし、動きののろい地上性のナマケモノなら、それほどの危険はないだろう。ヒトが地上性のナマケモノを狩りまくって絶滅させたというのは、十分に考えられるシナリオだ。一方、樹上性のナマケモノは、地上性のものに比べれば、狩られることが少なかったのではないかと考えられる。樹上に棲んでいるものを狩るのは大変だし、地上性のものより体も小さいので、狩猟のモチベーションも上がらなかった可能性があるからだ。

有能でない借金取り

ある山あいに、小さな村があった。そこには、村人にお金を貸して暮らしているお爺さんがいた。村は貧乏なので、お爺さんの商いは繁盛していて、村人は一人残らずお爺さんに借金をしている状態だった。

しかし、村人の中には、借金を返さない人が何人かいた。お爺さんが取り立てに行っても、のらりくらりとかわして、借金を返さない。困ったお爺さんは、借金の取り立て役として、若いA氏を雇うことにした。

ところが、A氏は、字が読めないうえに方向音痴だった。借金の取り立てに出かけても、入口の表札が読めないので、適当な家に入って借金を取り立ててしまう。まあ、どの家でもお爺さんに借金をしているので、それはよいのだが、もともと行く予定だった、借金を返さない家に辿り着けないのは不便だった。

村の中心部には家がたくさんあるが、村の外れに行くと、家もまばらになる。A氏は方向音痴なので、村の外れまで行くと、かならず道に迷ってしまう。行く予定だった家に辿り着けないだけでなく、それ以外の家も見つけられないので、借金をまったく取り立てることができない。山ぎわの林や野原をさまよったあげく、手ぶらで戻ってくるのが常であった。どうやらA氏は、借金取りとしては、あまり有能とはいえないようだ。

ところで、クローニングという方法は、A氏に少し似ているようだ。DNAの同じ個所を増幅する（同じ家に行って借金を取り立てる）という再現性はないし、DNAが少ないと増幅できない（家が少ないと辿り着けない）からだ。

有能な借金取り

さて、A氏があまり借金を取り立ててこないので、困ったお爺さんは、新たにB氏を雇うことにした。B氏は字が読めるし、方向音痴でもなかった。表札が読めるので、借金を返さない家にちゃんと辿り着き、きちんと借金を取り立ててきた。それでも足りなければ、何度でも同じ家に行って、何回でも借金を取り立てることができた。

また、借金を返さない家が、村の外れにあっても、問題はなかった。たとえ家がまばらであっても、B氏は方向音痴ではないので、行く予定だった家にちゃんと辿り着いて、きちんと借金を取り立ててきた。B氏はA氏よりも、借金取りとしては、かなり有能だといえるだろう。

ところで、PCRという方法は、B氏に少し似ているようだ。DNAの同じ個所を増幅する（同じ家に行って借金を取り立てる）という再現性があるうえに、DNAが少なくても増幅できる（家が少なくても辿り着ける）からだ。

ペーボらのナマケモノの研究では、DNAの量は少なかったけれど増幅することができたし、他の研究室で実験をしても同じ結果を再現することができた。このようなことは、B氏（PCR）にはできてもA氏（クローニング）にはできなかったに違いない。

お爺さんは幸せだった。B氏は働き者で、なかなか借金を返さない家からも、きちんと借金を取り立ててくるからだ。しかし、そのうちに、お爺さんは妙なことに気がついた。もともと小さくて貧乏な村なので、村人の中には本当にお金がなくて借金を返せない人もいる。ところがB氏は、そういう家に取り立てに行っても、きちんとお金を持って帰ってくるのである。

A氏だったら、そういう家から借金を取り立てることはできない。家の中にお金がないのだから、どうしようもない。ない袖（そで）は振れないのだ。ところがB氏は、そういう家に取り立てに行っても、ちゃんとお金を持って帰ってくる。不思議な話である。どうやらB氏の取り立て方には、何か秘密がありそうだ。いったい、どうやって、Ｂ氏はお金を持ってくるのだろうか。

第6章　恐竜とともに奈落の底へ

1700万年前のモクレンのDNA

1990年には、古代DNAの研究について、大きな出来事が二つ起きた。一つは約1700万年前のモクレン（木蓮）の化石から古代DNAが抽出されたという報告であり、もう一つはマイケル・クライトンの小説『ジュラシック・パーク』の出版だ。それでは、まずはモクレンの古代DNAから見ていこう。

アメリカのアイダホ州にあるクラーキア化石床（かせきしょう）は、非常に保存状態のよい化石が産出する場所として、世界的に有名である。動物の化石も産出するが、それ以上に植物の葉のすばらしい化石が産出することで名高い。何しろ、ここで産出する葉はまだ緑色をしており、地層から取り出すと空気中で酸化して、みるみるうちに黒くなっていくというのである。しかも、ここで産出した葉の中には微細な構造も保存されているらしく、ミトコンドリアや葉緑体、そして細胞壁も確認できると報告されている。[32] さらに、分子レベルの構造も保存されているという報告まである。つまり、いろいろな化合物で、化学結合が保存されているらしいのである。[33]

こんなクラーキア化石床ならば、かなり昔の古代DNAも残っているかもしれない。そう考えて、この化石床に目をつけたのが、カリフォルニア大学リバーサイド校のエドワード・ゴーレンバーグだった。ゴーレンバーグは、ここから産出した2000万〜1700万年前のモクレンの葉の化石から、葉緑体のDNAを抽出した。10個のサンプルを解析すれば、たいていそのうちの一つには、かなり長いDNAが保存されていた。それをPCRで増幅して、塩基配列を決定した。決定された塩基配列は現生のモクレンのものと似ていたけれど、少し違っていた。そして、当時知られていた葉緑体のどのDNAとも一致しなかった。これらを根拠にして、明らかにされた塩基配列は2000万〜1700万年前のモクレンの仲間のものだと、ゴーレンバーグらは発表したのである。[34] 塩基配列が決定されたDNA断片は、820塩基対という長いものであった。

これが本当なら、文字どおり桁違いにすばらしい発見である。当時、塩基配列が決定された最古のDNAは、4万年前のマンモスのものだった。[35] しかし、ゴーレンバーグらは、何とその400倍以上も古いDNAの塩基配列を決定したのである。

とはいえ、いくら何でも1700万年前は古すぎるだろうと疑ったのがペーボやウィルソンだった。そして、二つの側面から、ゴーレンバーグらの結果に反論した。一つは理論的な計算によって、もう一つは実際に実験を行った結果によって、反論したのである。

モクレンのDNAへの反論

クラーキアの地層はかなりの水分を含んでいる。そういう条件でDNAがどのくらい保存されるかについては、すでに詳しい研究がある[36と37]。その研究を利用して、ペーボらはクラーキアの化石床のDNAが、どのくらい長く保存されるかを計算してみた。初期条件として、800塩基対のDNAが1兆個ある場合を仮定した。1兆個というのは、1グラムの葉の中に含まれている、葉緑体のDNAの分子数の推定値である。これらのDNAは、通常の環境（pH7で温度は15度）に置かれているだけで、ときどき化学変化を起こして切れてしまう。したがって、時間が経つにつれて、DNAは短くなっていく。言葉を変えれば、最初は1兆個あった800塩基対のDNAが減少していくことになる。そして計算上は、5000年も経てば、1兆個あったDNAは全部切断されてしまう。つまり、800塩基対のDNAは、5000年で全部なくなってしまうのである。

ただし、これは、pH7で15度の場合である。pHに関しては、7より上げても下げてもDNAの切断は速くなってしまうが、温度に関しては、下げればDNAの切断は遅くなる。たとえば5度にすれば、800塩基対のDNAが全部なくなるのに1万〜2万年はかかるらしい。

しかし、そうであっても、1700万年前というのは、その約1000倍の古さである。そんな昔のDNAが残っている可能性はほとんどない、というのがペーボらの意見であった。また、これ以外にもDNAの保存期間についての見積もりはいくつかあるのだが、そのどれもが1700万年もDNAが保存されることはないという結果だった。

さらにペーボらは、実際に実験も行ってみた。クラーキア化石床を訪れて、モクレンの葉の化石を採集してきたのである。そして、DNAを抽出して長さを調べてみると、たしかにゴーレンバーグが言うように、だいたい10個のサンプルのうち一つには、かなり長いDNAが含まれていた。

しかし、考えてみれば、これは変な話である。数千年前の乾燥した組織のDNAでさえ、100～150塩基対という短い断片に切断されているのに、クラーキア化石床では、800塩基対以上の長いDNAが保存されているというのだから。

その長いDNAをPCRで増幅して塩基配列を読んでみると、果たしてそれは細菌のDNAであった[38]。それからもいろいろと実験をしてみたけれど、結局、ペーボらは植物の葉緑体のDNAを増やすことはできなかった。

B氏の秘密

ここで、前章の借金取りの話を思い出そう。有能な借金取りであるB氏は、お金がない家に行っても、きちんとお金を持って帰ってくるのであった。いったい、どこからお金を調達してくるのだろうか。

B氏といえども魔法使いではないから、無から有を生み出すことはできない。かならず、どこかお金があるところから、持ってきているはずだ。そのどこかとは、じつはこの世のすべての場所だ。

B氏は、取り立てに行った家にお金がないと、手当たり次第にいろいろな場所で、お金を探し始める。近くに家があれば、その中はもちろん探すし、それ以外にも、道にお金が落ちていないか、自動販売機の下にお金が入っていないかなど、至るところで探し回る。その村になければ、隣の村にも行く。とにかくお金が集まるまで探し続けるのである。

そしてPCRにも、少しB氏に似たところがある。化石の中にその生物に由来するDNAが残っていなくても、どこかから関係のないDNAを探してきて、増幅してしまうことがあるのである。

PCRは感度がよくて、ほんの少ししかないDNAでも増やすことができる。それはPCRのよいところでもあるが、同時に悪いところでもある。関係のないDNAがわずかでも混入した場合、そのDNAを増やしてしまう可能性があるからだ。

地球は生命に溢れた惑星だ。さまざまな生物が至るところに棲んでいて、さまざまなDNAを至るところに撒き散らしている。私たちも、汗や垢や髪や便などの形で、毎日DNAを撒き散らしながら生きている。そして私たちが死ねば（そして土葬されれば）、体中のＤＮＡが一気に大地に放出される。

だから、地球はＤＮＡに溢れた惑星だ。心地よい川のせせらぎの中にも、さわやかなそよ風の中にも、ＤＮＡは存在する。このように、海や川や大地や大気などに存在するＤＮＡを環境ＤＮＡという。したがって、実験室の壁や天井や空気中にも、いくばくかのＤＮＡはかならず存在するのである。

しかも、古代ＤＮＡに比べれば、環境ＤＮＡは、比較的新しく生物体から放出されたＤＮＡだ。古代ＤＮＡは古いので、何らかの損傷があることが多く、ＰＣＲの反応が進みにくい。一方、環境ＤＮＡは新しいので、損傷がないことが多く、ＰＣＲの反応が速く進む。つまり、古代ＤＮＡと環境ＤＮＡが両方ある場合、ＰＣＲでは環境ＤＮＡの方が優先的に増幅されるのである。

これらのことを考慮すると、おそらくゴーレンバーグらが増幅したＤＮＡは、１７００万年前の葉緑体のＤＮＡではなく、現生の植物に由来する葉緑体のＤＮＡだった可能性が高い。そもそも８２０塩基対もの長いＤＮＡ断片が、１７００万年もの長きにわたって残っているはずがないのである。

ゴーレンバーグらによる2000万～1700万年前のモクレンの古代DNAの論文が出版されたのは1990年で、ペーボらによる反論が出版されたのが1991年だった。しかし、その反論は功を奏さなかったようだ。その翌年の1992年には、ゴーレンバーグの論文の共著者だったチャールズ・スマイリーを含むグループが、1320塩基対というさらに長い古代DNAの論文を出版した。同じクラーキア化石床の化石を使って、今回は2000万～1700万年前のヌマスギ（沼杉）の仲間から葉緑体のDNAを抽出して、塩基配列を決定することに成功したというのである。

モクレンの820塩基対の古代DNAですらあり得ないと言われているのに、さらに長い1320塩基対の古代DNAを報告するなんて、どういうことだろうか。ところが、スマイリーにはスマイリーなりの論理があったらしい。ペーボは古代DNAが長ければ長いほど、信憑性（しんぴょうせい）が低くなると考えていたが、スマイリーは古代DNAが長ければ長いほど、ペーボに効果的に反論できると思っていたようなのだ。

前回のゴーレンバーグの論文について、ペーボはおもに二つの観点から反論をした。一つ目は、長いDNAは数千万年も保存されないということで、二つ目は、報告されたDNAは現生生物からの混入だということだ。この反論を受けて、スマイリーらはヌマスギの仲間の古代DNAの論文を出版したのだが、両者の主張にはすれ違いが見られる。

じつは、スマイリーらは、現生生物からの混入の可能性をあまり考慮していない。当時は環境ＤＮＡという言葉もなく、そこらじゅうにＤＮＡが存在しているという意識はなかったのだろう。一方、ペーボは、たまたまミイラの古代ＤＮＡで失敗をしたおかげで、ＤＮＡの混入について高い意識を持つようになったのだと考えられる。つまり、スマイリーらは、ペーボの二つ目の反論についてはあまり真剣に受け止めていなかった可能性がある。そして、混入について心配しない場合は、ペーボの一つ目の反論に対する受け止め方も違ってくる。

ペーボは、長いＤＮＡは数千万年も保存されることはないという。それを反証するためには、長いＤＮＡを見つければよい。長ければ長いほど、ペーボの主張を決定的に反証することができる。スマイリーらは、そう考えたらしい。

たしかに、クラーキア化石床の植物から増幅したＤＮＡが、本当にその植物に由来するものならば、スマイリーらの考えたとおりだろう。ＰＣＲで増幅できたＤＮＡ断片が長ければ長いほど、ペーボの意見が間違っていたことを、はっきりと示すことになる。長いＤＮＡが数千万年間も保存されてきたことになる。しかし、それは、ＤＮＡが混入したものでない場合に限られるのだ。

クラーキア化石床の古代ＤＮＡへの疑問

とはいえ、スマイリーも、混入の可能性について、まったく考えていなかったわけではない。しかし、スマイリーは、以下の二つの条件が満たされれば、混入の可能性はほとんどないと、楽観的に考えていた[39]。その二つとは、ヌマスギの仲間とされる化石から増幅したDNAが、現生のヌマスギと（1）似ているけれど（2）一致しないことだ。

化石のヌマスギは、現生のヌマスギの祖先か、あるいは祖先に近縁な種である。つまり、化石のヌマスギと現生のヌマスギは、それなりに近縁な関係にある。したがって、両者のDNAの塩基配列は似ているはずだ。

とはいえ、化石のヌマスギは2000万～1700万年も昔の種である。つまり、現生のヌマスギは、その時点から少なくとも2000万～1700万年のあいだ進化し続けて、現在に至っているのだ。その間にはDNAもかならず変化するので、両者のDNAの塩基配列は一致しないはずである。

したがって、化石と現生のDNAが（1）似ているけれど（2）一致しなければ、化石のDNAは本物と考えてよい、というわけだ。スマイリーはそれほど混入を心配していなかったので、これで十分だと思ったようだ。しかし、本当に十分かどうかを検討するために、以下の二つの情報は参考になるだろう。

一つ目は、環境DNAに関することだ。北アメリカでは、ヌマスギの仲間はとくに珍しい植物ではない。したがって、クラーキア化石床あるいは実験室に、ヌマスギの仲間のDNAが漂っていても、それほど不思議なことではない。

二つ目は、PCRは何回でも行えるということだ。PCRを行うのは簡単なので、思ったような結果が出ない場合に、何度も繰り返して行うことがよくある（後述する恐竜のDNAのケースでは、3000個近いサンプルについてPCRを行っている）。スマイリーらの実験では、どのくらいPCRを行ったかはわからないので、これは私（更科）の要らぬ勘ぐりかもしれない。しかし、もしヌマスギの仲間の化石からDNAを抽出して、PCRを何回もかけて、いろいろな植物種のDNAが増えた中から、ヌマスギに似たものだけを報告したのであれば、論外ということになる。

まあ、そんなことはないと思うけれど、スマイリーらが、他にもたくさんの植物の化石でPCRを行っているのは事実である。そして、それらの化石でDNAの増幅に成功していることも事実である。それなのに、塩基配列は読んでいないといって、報告していない。少し不自然な気もするが、とりあえず話を先に進めよう。

琥珀のアイデアの伝わり方

前述したように、琥珀の中に保存された太古の昆虫から恐竜の血液を抽出するというアイデアが『ジュラシック・パーク』の中核になっている。このアイデアを考えついた人物として名前が知られているのは、前述したようにアメリカの作家であるペレグリーノと、アメリカの皮膚科医であるトカーチだ。そして、このアイデアを、昆虫学者のポイナーが知るところとなった。約4000万年前の琥珀中に保存されていたハエに、細胞の構造が保存されていることを発見した、あのポイナーである。

　1983年にポイナーはトカーチと共に、「絶滅DNA研究グループ」を立ち上げている。そのため、そのアイデアをトカーチから伝えられたと思われがちだが、どうやらそうではないらしい。ポイナーはそれ以前に、ペレグリーノ経由でそのアイデアを知ったらしいのだ。

　ペレグリーノは、琥珀の中に保存された太古の昆虫から恐竜の血液を抽出するというアイデアを論文にしようとして、『スミソニアン・マガジン』に投稿した。しかし掲載はされなかった、という話をしたが、そのときの査読者の一人がポイナーだったのである。そのため、ポイナーは、ペレグリーノの論文を読んで、そのアイデアを知っていたわけだ。一方、ペレグリーノは、そのことを最初は知らなかったらしい。そこで、話はややこしくなっていく。

恐竜ルネッサンス

『ジュラシック・パーク』の作者であるマイケル・クライトンは、1942年にアメリカのシカゴで生まれた。子供の頃から文章を書くことが好きで、ハーバード大学では英文学を専攻していた。しかし、教授との折り合いが悪かったりしたために人類学に転向し、同大学医学部を卒業した。しかし、結局は医学の道を捨てて、SF作家になった。クライトンは医学部にいた頃から小説を書いており、もともと作家の方が向いていたのかもしれない。そして、回り道をしたことによって、かえって広い視野と豊富な知識が形成され、次々とベストセラーを生み出すことになったのだろう。ちなみに、クライトンは2008年に66歳で亡くなっている。長生きする人が増えた現在では、比較的早く亡くなったといってもよい。あの恐竜のように大きなクライトン（身長は206センチメートル）が死ぬなんて、何だか信じられない気分だ。

さて、時間を戻すことにしよう。若きクライトンは、小説のテーマとして恐竜に目をつけた。1970～80年代を中心に、「恐竜ルネッサンス」と呼ばれる恐竜のイメージの転換が起きたり、巨大隕石（いんせき）の衝突という恐竜の絶滅に関する新説が唱えられたりしたために、大衆の関心が高まっていたからだろう。

恐竜が発見された19世紀には、恐竜は活発な動物だというイメージがあったのだが、20世紀前半には、恐竜は大きいけれど愚鈍でのろまな動物だというイメージが定着していた。しかし、1960年代から、少しずつ恐竜は活発で賢い動物だという証拠が発見され始めた。骨格の特徴からすばやく運動できたり恒温性であったりしたことが推測され、また子育てをしたり群れを作ったりする社会性が備わっていたことも明らかになったのである。こうして、恐竜が昔のようなイメージに戻りつつある流れを、アメリカの古生物学者であるロバート・バッカーが「恐竜ルネッサンス」と名づけた。恐竜ルネッサンスの流れは現在まで続いており、今では恐竜が愚鈍でのろまな動物だと考える研究者はほとんどいなくなった。

また、恐竜の絶滅に関して、その原因を巨大な隕石の衝突とする衝撃的な仮説が1980

年に発表された。恐竜が絶滅したとされる白亜紀末（約6600万年前）の地層から、高濃度のイリジウムが検出されたことが、そのおもな根拠となっている。

イリジウムは原子番号77の金属元素で、地表にはほとんど存在しない。しかし、隕石には比較的多く含まれるため、白亜紀末の地層のイリジウムは、隕石に由来するのではないかと考えられた。ただし、イリジウムを含む地層は世界中に広がっているため、かなり巨大な隕石を想定しないと辻褄が合わない。だいたい直径が10キロメートルの隕石が地球に衝突して爆発すれば、世界中にイリジウムを撒き散らすことができると推定されている。

とはいえ、当時は、この説を疑問視する人の方が圧倒的に多かった。日本でも、この説を支持していると、冷笑される雰囲気さえあった。しかし、その後、白亜紀末に形成された巨大なチクシュルーブ・クレーターが発見されたことや、衝撃石英（隕石の衝突による非常な高圧下で石英が変成したもの）がチクシュルーブ・クレーターを中心に分布することなど、多くの証拠が見つかった。そのため、現在では、白亜紀末に巨大な隕石が衝突したことは確実視されている。チクシュルーブ・クレーターは、メキシコのユカタン半島とその近海に跨っており、直径はおよそ150キロメートルもある。

ただし、巨大隕石が衝突したからといって、恐竜が絶滅したとはかぎらない。巨大隕石が衝突したのは約6600万年前だが、その1000万年ほど前から恐竜の種の数は減り始めている。その原因はわかっていないけれど、隕石が衝突する前の出来事なのだから、隕石と関係がないことだけは明らかだ。したがって、巨大隕石の衝突が、恐竜を絶滅させた唯一の原因ではないのだろう。とはいえ、巨大隕石の衝突と恐竜の絶滅が無関係というわけではなく、むしろ以下のような理由で、巨大隕石の衝突が恐竜の絶滅を後押しした可能性は非常に高い。

たとえば、巨大隕石が衝突すれば、大量の粉塵(ふんじん)が舞い上がり、2～3日で地球全体を覆ったと考えられる。その場合、太陽からの熱や光は届かなくなり、地球は暗闇(くらやみ)に包まれた冷たい世界と化しただろう。地球が寒冷化して光合成も停止すれば、植物や藻類(そうるい)などの光合成生物の多くが絶滅し、それらに頼って生きていた生物（たとえば動物）にも甚大な被害が及ぶことは明白だ。実際、白亜紀末には、アンモナイトなど多くの生物が絶滅しているので、恐竜だけが影響を受けなかったとは考えにくい。たとえ事前に恐竜の数が減っていたとしても、やはり最後のとどめを刺したのは、巨大隕石の衝突だったのではないだろうか。

アイデアの盗用

さて、『ジュラシック・パーク』を発表する何年か前に、クライトンはポイナーの研究室を訪ねた。ポイナーは研究のことをいろいろと教え、クライトンはそのあいだメモを取っていたらしい。[40] おそらく、そこでクライトンは、琥珀の中に保存された太古の昆虫から恐竜の血液を抽出するというアイデアか、あるいはそれに近いことを聞いたのだろう。『ジュラシック・パーク』のある版の謝辞には、このアイデアはポイナーとヘスによって初めて発表されたことが記されている。ニューヨーク・タイムズの記事も、このアイデアがポイナーのものであると明記している。そして、『ジュラシック・パーク』は出版されてベストセラーとなり、映画も空前の大ヒットを記録した。

こういう事情を、ペレグリーノが面白く思わなかったとしても無理はないだろう。ペレグリーノが不満に思った相手は、クライトンではなくポイナーであった。

ペレグリーノは、『スミソニアン・マガジン』に論文を投稿したときの査読者がポイナーであったことや、ポイナーがペレグリーノの論文の掲載に反対したことを、ある時点で知ったようだ。しかし、ペレグリーノが不満に思ったのは、そういうことではない。「琥珀の中に保存された太古の昆虫から恐竜の血液を抽出する」というアイデアを初めて考えついたのはポイナーだと受け取れる発言を、ポイナー自身がしていたからである。そしてそのアイデアを、ポイナーがクライトンに教えたというわけだ。

ペレグリーノは、自分のアイデアをポイナーに盗まれたと感じたのだろう。『ニューヨーク・タイムズ』に事実関係を明らかにするように手紙を出したり、法的措置を取るとポイナーに告げたりしている。[40] 資料などから知ることができる限りでは、たしかにアイデアを最初に考えついたのはペレグリーノのようなので、これらの行動も無理のないことなのかもしれない。

以上に述べたように、1990年には大きな出来事が二つ起きた。約1700万年前のモクレンの古代DNAの報告と、『ジュラシック・パーク』の出版だ。そして、この二つが交差することによって、1990年代の古代DNA研究は、真っ逆さまに転落していくことになるのである。

SF小説の真似

名前は明かされていないが、アメリカのある研究者がこんな証言をしている。それは、『ジュラシック・パーク』が出版されて、しばらく経った頃のことだった。同僚が部屋に入ってくると、『ジュラシック・パーク』を読んだかと尋ねてきた。そして、『ジュラシック・パーク』と同じことをやってみようと提案してきた、というのである。

また、別の研究者はこんな証言をしている。『ジュラシック・パーク』が出版されると、すぐに同僚が、『ジュラシック・パーク』のアイデアを検証したいので、琥珀からDNAを取り出すのを手伝ってくれないかと頼んできたというのである。(40)

おそらく、世界中のたくさんの研究室で、このような会話が交わされたのだろう。そして、その中には、本当に琥珀の中のDNAを探し始めた研究室もあったはずだ。もちろん、研究を始めるきっかけは何でもよいのだけれど、SF小説を読んでその真似(まね)を実際の研究でしてみよう、というのだから、本来の順番とは逆な感じである。

SF小説の古典に『失われた世界』という作品がある。作者は、『シャーロック・ホームズ』シリーズの著者として有名なアーサー・コナン・ドイル（1859〜1930）だ。出版されたのは1912年なので、もう100年以上も前の作品だが、今読んでも十分に面白い。その前半のあらすじは、こんな感じである。

イギリスの新聞記者であるマローンは、生きている恐竜を発見したというチャレンジャー教授と出会う。そして、マローンとチャレンジャー教授は、探検隊を作って南米のアマゾンへ向かうのである。ジャングルの中の川を上っていくと、ついに巨大な台地に辿り着いた。台地の上は平らになっており、そこには周囲から隔絶された世界が広がっていた。そして、そこには、まだ恐竜が生きていたのであった。

このSF小説に触発されて、実際に探検隊が組織され、巨大な台地とそこに棲む恐竜を求めて、アマゾンに繰り出したこともあった。この探検も、SF小説を読んでその真似をしたのだから、本来とは順番が逆である。とはいえ、この探検は半分冗談だろう。探検自体は実際に行われたらしいが、本気で恐竜を見つけようと思ったのではなく、小説を追体験することを楽しんだのではないだろうか。『失われた世界』では巨大な台地に辿り着くまでの過程がかなり具体的に書かれており、私も読んでいるうちにチャレンジャー教授と実際に行ってみたくなったことを覚えている。

でも、『ジュラシック・パーク』の場合は違う。『ジュラシック・パーク』の真似をした研究者は本気だった。琥珀の中から大昔のDNAを、本気で手に入れようと思っていたのである。そんな研究者の一人が、ニューヨークのアメリカ自然史博物館の分子生物学者のロブ・デサール（1954〜）であった。

琥珀の中のDNA

デサールは、同じ博物館にいた昆虫学者のデイヴィッド・グリマルディとともに、『ジュラシック・パーク』のアイデアを検証しようとしていた。とはいえ、恐竜を復活させようと思ったわけではない。『ジュラシック・パーク』では琥珀に閉じ込められた蚊の血液から恐竜のDNAを取り出したのだが、そこまでするつもりはなかった。まずは琥珀の中の昆虫から、その昆虫のDNAを取り出せればよい。それが成功すれば、少なくとも琥珀の中にDNAが残っていることは確認できるわけだ。とりあえずデサールらは、そこまでをゴールとした。

デサールらが手に入れたのは、メキシコおよびカリブ海のドミニカ島から採られた琥珀で、およそ3000万〜2500万年前のものだった。これは、クラーキア化石床で見つかったモクレンをしのぐ古さである。そして、その琥珀の中にはシロアリが閉じ込められていた。マストテルミス属の絶滅種、マストテルミス・エレクトロドミニクスというシロアリである。デサールらは、PCRを使って、そのシロアリのDNAを増幅することに成功した。そして、塩基配列も決定することができた。塩基配列を決定したのは、ミトコンドリアにある16SリボソームDNAという遺伝子と、核にある18SリボソームDNAという遺伝子である。その塩基配列は、現生のマストテルミス属であるムカシシロアリに似ていたので、これらのDNAは外部からの混入ではなく、琥珀の中のマストテルミス・エレクトロドミニクスに由来すると結論された。これは前述したように3000万〜2500万年前のものなので、当時としては最古のDNAであった[41]。

マストテルミス属は、過去に繁栄したシロアリで、多くの化石種が見つかっている。生き残っている現生種は、オーストラリア北部に棲んでいるムカシシロアリ1種だけだ。

ムカシシロアリは、少し変わったシロアリである。頭部と胸部はシロアリに似ているけれど、腹部はゴキブリに似ている。さらに腹部の他にも、翅（はね）の形や卵を塊で産むことなど、いくつかゴキブリに似た特徴がみられる。これは、シロアリとゴキブリが近縁で、両者が共通の祖先から進化してきたと考えれば説明できる。ムカシシロアリが、シロアリの中でもとくにゴキブリに似ているのは、祖先の形を色濃く残している原始的な種だからだろう。

今回、琥珀中のマストテルミス・エレクトロドミニクスのDNAを解析した結果、マストテルミス属が系統的に一つのグループにまとまることが支持された。

多くの化石種や現生のムカシシロアリが、同じマストテルミス属とされている根拠は、形態が似ているからであった。もちろん形態が似ていることも立派な根拠であるが、DNAの塩基配列が似ていることも確認できれば、さらに確実になる。形態が似ていても、系統的には異なる場合があるからだ。

しかし、マストテルミス属については、現生種が1種しかいないため、今までは、その現生種でしかDNAを解析できなかった。今回、化石種でもDNAを解析できたため、現生種と化石種が系統的に同じグループに属することが確認でき、原始的なマストテルミス属が一つのグループであるという仮説が、補強されることになったのである。

琥珀中のDNAレース

もちろん、デサールらの他にも、琥珀中の昆虫からDNAを取り出そうとした人はいた。ジョージ・ポイナーも、その一人だった。

彼は、息子のヘンドリック・ポイナー（1969〜）やカリフォルニア工科州立大学サンルイスオビスポ校の微生物学者であるラウル・J・カノとチームを組んで、琥珀中の昆虫のDNAを調べ始めた。そして、ドミニカ島の琥珀に閉じ込められていた4000万〜2500万年前のハチからDNAを抽出し、PCRで増幅することに成功した。PCRで増幅されたのは、デサールらと同じ18SリボソームDNAという核にある遺伝子で、その塩基配列も決定することができた(42と43)。カノらは、その結果をデサールらと同じ1992年に発表したものの、少し遅かったので、琥珀中のDNAレースの一番乗りは、デサールらに譲る形になった。

しかし、それからも、カノらは琥珀から古代DNAを取り出す研究を続けた。そして、さらに古いDNAにチャレンジした。昆虫を閉じ込めた琥珀としては世界最古と言われるレバノン産の琥珀に狙いをつけたのである。カノらは、そのレバノン産の琥珀に閉じ込められていた1億3500万〜1億2000万年前のゾウムシからDNAを抽出し、PCRで増幅してみた。何と増幅は成功して、18SリボソームDNAの塩基配列を決定することができたのである[44]。

この成果は大きな話題となった。なぜなら、1億3500万〜1億2000万年前といえば中生代の白亜紀で、恐竜が生きていた時代だからだ（恐竜は約2億3000万年前から約6600万年前まで生息していた。ただし鳥類型恐竜、つまり鳥類だけは現在も生きている）。

しかも、この論文が発表された1993年6月10日は、映画『ジュラシック・パーク』が全米で一般公開される前日だった。このタイミングのよさのために、カノらの研究はアメリカで200紙以上、世界中では400紙以上の新聞で報道され、あっという間に有名になったという[40]。そして、映画『ジュラシック・パーク』の方も、当時の最高興行収入記録を塗り替えるほどの大ヒットとなった。もちろん『ジュラシック・パーク』の大ヒットは、カノらの論文のおかげというわけではないだろうが、カノらの論文もいくばくかの貢献はしたのではないだろうか。論文が映画に信憑性を与え、映画が論文の宣伝になったのである。

この論文発表のタイミングのよさについて、論文の著者であるジョージ・ポイナーは偶然だったと述べている。その一方で、偶然の一致であったわけがないと発言している研究者もいる。また、『ジュラシック・パーク』が公開された週には、論文の共著者であるヘンドリック・ポイナーが、映画館のロビーで琥珀を売っていたという。だからなんだということもないのだが、このあたりの真相はよくわからない。タイミングについては偶然かもしれないし、そうでないかもしれない。ただ、一つ確かなことは、『ジュラシック・パーク』のストーリーにかなりの信憑性があるかのような、誤ったイメージが広がったことだろう。

主人公の古生物学者

『ジュラシック・パーク』の主人公は、アラン・グラントという古生物学者である。この主人公にはモデルがいる。アメリカの古生物学者であるジョン（通称ジャック）・R・ホーナー（1946〜）だ。

アメリカのモンタナ州で生まれ育ったホーナーは、ディスレクシアである。ディスレクシアとは、一般的な知的能力には異常がないにもかかわらず、文字の読み書きに著しい困難を抱える障害である。そのため、ホーナーは学校の授業は苦手だったが、化石や恐竜は好きだった。12歳のとき、発掘した化石が図書館に展示されたり、14歳のとき恐竜の頭骨を発見したりした。科学コンテストで優勝したこともあるという。

そういった活動が認められ、地元のモンタナ州立大学に入学することができた。大学の授業では、知識を深めることはできたが、単位を取ることはできなかった。そのため、残念なことに卒業はできなかったのである。そこで、ホーナーは、化石のクリーニング（化石に付いた石や泥を取り除いてきれいにすること）の仕事に就いた。そこは、高校卒業の資格で就職できたからである。

そんなホーナーを有名にしたのは、恐竜が子育てをしていた証拠を発見したことだ。当時は、恐竜が子育てをするとは考えられていなかったからである。ホーナーが発見したのは、のちにマイアサウラと呼ばれるようになる恐竜の化石であった。親と何頭もの子の化石がひと塊になって見つかったり、直径1メートルほどの巣の中に卵がたくさんあったり、巣の中の卵の殻が粉々に踏み砕かれていたりしたのである。卵の殻が踏み砕かれていたのは、孵化(ふか)したばかりの子が巣の中で暮らしていたからだと考えられている。さらに、巣からまだ出られないような孵化したばかりの子の歯に摩耗が見られたことから、ホーナーは親がエサを与えていたとも考えている。つまり、恐竜が子育てをしていたということだ。ホーナーの主張の細かいところについては反論もあるのだが、子育てをする恐竜がいたことについては、ほぼ認められているといってよいだろう。

こういった研究が評価されて、ホーナーは卒業できなかったモンタナ州立大学から名誉博士号を送られて教授となり、恐竜の研究を続けられることになったのである。

ホーナーの言によれば、彼が誰よりも多くの化石を見つけられたのは、地形を見ると恐竜が暮らしていた様子が映し出されたり、骨を見るとその全体像が浮かび上がったりしたからだ、という。こういう個人的な感覚は言葉にするのが難しいので、比喩（ひゆ）やイメージとして受け取った方がよいのかもしれない。とはいえ、ホーナーが化石を発見するのが得意だったことは事実だし、地形などの見え方が他の人と違っていた可能性は高いだろう。

ディスレクシアは発達性読み書き障害などと訳されるが、本来は障害と捉（とら）えるよりも多様性と捉えるべきものかもしれない。おそらく、脳の何らかの機能が欠損しているわけではなく、機能の仕方が異なっているのだろう。たとえていえば、血液型や眼の色のようなものだ。ただし、現在の社会は文字に溢れており、そういう環境は苦手なのだと考えられる。ちなみに『ジュラシック・パーク』の映画監督を務めたスティーブン・スピルバーグ（1946〜）もディスレクシアである。

恐竜のDNAレース

『ジュラシック・パーク』の映画が公開された1993年に、ホーナーはティラノサウルスの化石からDNAを抽出するプロジェクトのために、アメリカ国立科学財団に助成金を申請した。

当時、ホーナーと一緒に研究していた、モンタナ州立大学の大学院生のメアリー・シュワイツァーは、ティラノサウルスの化石から赤血球のような構造を発見した。そこで、もしも赤血球が残っているならDNAも保存されているのではないか、とシュワイツァーは考えた。そのアイデアを実行するために、ホーナーは上記の財団に助成金を申請したのである。

その結果、財団は申請を認めて、助成金を交付した。交付に関わったある研究者によれば、申請の認可には『ジュラシック・パーク』が影響しているという。助成金の申請と映画の公開のタイミングが重なったことで、助成金が通りやすくなったというのだ。また、財団の代表者も、『ジュラシック・パーク』の影響を認めている。ホーナーのものも含め、いくつかの恐竜関係の研究プロジェクトに助成金を交付したが、その発表をわざわざ映画が公開された週末に合わせたのである。

このように、『ジュラシック・パーク』は実際の研究を促進する役割も果たした。そして、実際にホーナーとシュワイツァーも、アメリカ国立科学財団から交付された助成金を使って、恐竜のDNAを探し始めた。その結果、恐竜の骨からDNAを抽出することに成功した。しかし、恐竜の骨の中のDNAが、恐竜に由来するDNAとは限らない。残念なことに、結局ホーナーとシュワイツァーは、そのDNAが外部からの混入なのか、あるいは恐竜に由来するのかを確認することはできなかった。

結果的には恐竜のDNAを得ることはできなかったものの、このホーナーとシュワイツァーの研究や『ジュラシック・パーク』が引き金になったのか、恐竜のDNAを同定するレースが始まってしまったのである。

たとえば、ホーナーやシュワイツァーとほぼ同じ時期に、カノも恐竜の骨からDNAを抽出することに成功した。恐竜が生きていた時代の琥珀から、ゾウムシのDNAを抽出して塩基配列を決定した、あのカノである。しかし、やはりカノも、恐竜の骨から抽出したDNAの起源が、混入か恐竜かを確認することはできなかった。

ところで、恐竜のDNAを探すために、ホーナーとシュワイツァーも、カノも、そしてこの後に述べるウッドワードらも、みんな恐竜の骨を使っている。『ジュラシック・パーク』が研究の引き金になったのなら、琥珀の中の蚊から恐竜のDNAを探しそうなものだが、なぜだろうか。

たしかに、大昔の琥珀の中に、蚊のメスが閉じ込められていることはあるだろう。しかし、そういう琥珀は少ないし、仮にメスであったとしても、オスと交尾した後かどうかはわからないし（血液を吸うのはオスと交尾した後のメスだけである）、仮に交尾した後であっても、血液を吸って間もない状態かどうかはわからないし、仮に血液を吸って間もない状態であったとしても、吸った血液が恐竜のものかどうかはわからない。そのため、恐竜が生きていた時代の琥珀の中から蚊が見つかったとしても、その蚊の中に恐竜の血液が入っている確率はかなり低いと考えられる。実際の研究材料として使うことに二の足を踏んだとしても、それは無理のないことだろう。

恐竜のDNAを発見？

何人もの研究者が恐竜のDNAレースを展開しているうちに、ついにゴールインしたと宣言する者が現れた。恐竜のDNAが発見されたという論文が発表されたのだ。発表したのは、ブリガムヤング大学の微生物学者であるスコット・ウッドワードのチームで、1994年のことであった。(45)

ウッドワードは恐竜好きの少年だった。彼が育ったのは、ユタ州のプライスという炭鉱の町である。恐竜が生きていた白亜紀には、そこは海岸に近い平野で、じめじめした泥炭地だったと考えられている。そのため、現在のプライスには石炭層が発達し、地下深くまで坑道が張り巡らされていた。

泥炭の中は嫌気的な環境だ。つまり、酸素がない環境である。酸素がなければ、DNAはよく保存される。酸化による塩基の変化や脱落は起こらないし、微生物による有機物の分解もあまり進まない（すべてではないが、ほとんどの有機物の分解には酸素が必要である）。しかも、坑道が発達しているので、地下深くから生物による汚染の少ない化石を手に入れることができる。まさに古代DNAの研究には最適の町である、とウッドワードは考えた。

ウッドワードが使ったのは石炭層のすぐ上の砂岩層、610メートルの地下から発見された恐竜の骨だった。ただし、ウッドワードの論文では、恐竜の骨であることをほのめかしているものの、断定はしていない。論文には、8000万年前の白亜紀の骨としか書いていないのだ。しかし、その言動から、ウッドワードが恐竜の骨と考えていたことは明らかであるし、実際に恐竜の骨である可能性も高いので、本書では恐竜の骨として話を進めよう。

ウッドワードが手に入れた骨は、なかなか保存状態がよいものだった。何千万年も前の骨は、たいてい骨の成分が鉱物に置き換わってしまっている。しかし、その骨では、そういう鉱物化が起きていないようだった。なぜなら、骨の成分を分析すると、カルシウムとリン酸塩が2対1の割合で含まれており、ケイ素やアルミニウムは検出されなかったからだ。この結果は、ウッドワードが手に入れた骨が、生きているときの骨に近い状態であることを示している。

骨を切って断面を観察すると、細胞らしきものが観察でき、その中には細胞核のような構造まであったという。また、コラーゲンというタンパク質を染色するトリクロームという薬品があるが、そのトリクロームで染色するとちゃんと染まったので、その骨にはコラーゲンも残っていたようだ。さらに、骨の中には、血管が通る穴であるハバース管（かん）も観察されたという。

前述したように、そもそも骨は、カルシウムの貯蔵庫として進化した可能性が高い。血液中のカルシウム濃度を一定の範囲にするため、骨から血液にカルシウムを供給したり、逆に吸収したりするのである。つまり、骨の中には血管が通っているわけだ。

また、骨は、いつも古くなった部分を壊して新しく作り直すという、スクラップ・アンド・ビルド状態にあることも述べた。そのために働くのが、骨を形成する骨芽細胞や、骨を吸収する破骨細胞だが、これらの細胞は骨の中で生きている。生きていれば、栄養も摂取するし、不要物も排出する。栄養を持ってきたり不要物を回収したりしてくれるのは血液なので、そのためにも血管は骨の中に伸びている。

つまり、骨の中の血管にはいろいろな役割があり、その血管が通るための、骨の中の穴がハバース管なのである。

このハバース管は私たちの骨の中にも存在する。一般に、活発な哺乳類はハバース管が多く、不活発な爬虫類はハバース管が少ない。しかし、恐竜は活発な生物なので、ハバース管が結構多いらしい。ウッドワードの手に入れた化石でも、たくさんのハバース管が観察された。

恐竜の化石にPCRをかける

さて、ウッドワードは、この白亜紀の恐竜の骨に含まれているDNAを、PCRで増幅しようと試みた。具体的には、ミトコンドリアDNAの中の短い領域を6ヵ所選んで、その部分をPCRで増幅しようとした。その際に、対照実験も行った。つまり、恐竜の骨からDNAを抽出したのと同じ操作を、周囲の砂岩に対しても行ったのだ。

もし、骨からDNAを増幅することに成功しても、同じDNAが周囲の砂岩からも増幅されれば、そのDNAは外から混入したものかもしれない。骨から抽出したDNAがその骨に由来することを示すには、骨からは増幅するけれど、周囲の砂岩からは増幅しないことをきちんと示す必要があるからだ。

ウッドワードは何回もPCRを行い、非常に多くのPCR産物（PCRによって増幅されたDNA断片）を得た。そして、その中で恐竜のDNAらしきものは、九つであった。それらはすべてミトコンドリアDNAの中の同じ領域を増幅したものである。ウッドワードは、ミトコンドリアDNAの中の6ヵ所の領域をPCRで増幅しようとしたけれど、そのうちの5ヵ所では増幅されず、増幅されたのは1ヵ所だけだった。その1ヵ所について、恐竜のものらしき塩基配列を9回決定できたのである（ちなみに九つの塩基配列は、それぞれ120〜130塩基程度の長さであった）。

ところで、同じ領域を繰り返し増幅したわけなので、その塩基配列はすべて一致するはずだ。ところが、その塩基配列は、9回それぞれですべて異なっていたのである。これはいくら何でもおかしいのではないだろうか。

じつは、この九つの塩基配列は、二つの恐竜の骨から決定されたものである。二つの骨が別種であればもちろんだが、同種であっても別の個体ならば、塩基配列が異なることはあり得る。同種の個体の間にも変異はあるからだ。しかし、そうであっても、同じ骨から増幅された七つの塩基配列同士、あるいはもう一つの骨から増幅された二つの塩基配列同士は一致するはずだ。しかし、ウッドワードは、そうは考えなかった。

もし、骨の中のDNAが損傷していなかったら、PCRを何回行っても、同じ結果が出るだろう。また、損傷があるDNAと損傷がないDNAが混じっていても、やはり同じ結果が出るはずだ。PCRは損傷のないDNAを優先的に増幅するので、すべてのDNAが損傷していなかった場合と結果は同じになるからだ。

しかし、損傷があるDNAしかなかったら、PCRは損傷のあるDNAを増幅するしかない。しかも、損傷が起きている部位はDNAごとに異なる。PCRを行うごとに、どのDNAを鋳型（いがた）にして増幅反応を始めるかは偶然によるので、増幅されたDNAの損傷個所も、PCRを行うごとに異なることになる。そう考えれば、同じ骨から増幅された七つの塩基配列同士が異なっていても不思議はないと、ウッドワードは考えたのである。

恐竜の塩基配列

しかし、同じ骨から増幅された七つの塩基配列がすべて損傷しているとすれば、どの塩基配列もオリジナルの塩基配列、つまり恐竜が生きていたときの塩基配列とは異なることになる。それでは、オリジナルの塩基配列は、どうやったら知ることができるだろうか。

七つの塩基配列同士を比べると、お互いの塩基がどのくらい異なっているかがわかる。だいたい10塩基のうち、一つか二つの塩基が異なっているようだ。この異なっている塩基が損傷した部分と考えられるので、だいたい10塩基のうち、一つか二つの塩基に損傷が起きているると考えてよいだろう。

これは、逆に考えれば、10塩基のうち、八つか九つの塩基には損傷が起きていないということだ。つまり、損傷が起きている塩基よりも、損傷が起きていない塩基の方が多いのだ。それなら、七つの塩基配列を並べて、それぞれの塩基ごとに多数決を取ればよい。そして、多数決で選ばれた塩基を繋げていけば、オリジナルの塩基配列を復元することができる。ウッドワードは、そう考えたわけだ。

たとえば、ある部位の塩基を、七つの塩基配列で比べたとき、五つはAで、二つはCだったとする。その場合、Cは損傷して入れ替わった塩基で、Aがオリジナルの塩基である、と解釈するのである。こうして作製された塩基配列のことを、コンセンサス配列という。つまり、ウッドワードは、コンセンサス配列をオリジナルの塩基配列と解釈したのである。ちなみに、コンセンサス配列は133塩基であった。

次に、ウッドワードは、系統関係の推定に進んだ。ところが、あまりはっきりした結果は得られなかった。

脊椎動物は五つの分類群、すなわち「魚類、両生類、爬虫類、鳥類、哺乳類」に分類される。恐竜は爬虫類に分類されることが多いけれど、系統で考えれば、むしろ鳥類に近い。爬虫類の中の一つのグループが恐竜に進化して、その恐竜の中の一つのグループが鳥類に進化したからである。だから、本当は、もし脊椎動物を五つの分類群に分けるなら、鳥類の代わりに恐竜類を入れて、「魚類、両生類、爬虫類、恐竜類、哺乳類」とした方がよさそうだ（鳥類は恐竜類に含まれる）。まあ、分類は人間が決めることなので、あまり目くじらを立てる必要はないと思うけれど、系統は科学的な根拠によって決まるものである。系統的には、恐竜は鳥類に一番近縁で、次が爬虫類で、その次が哺乳類になるはずだ。ところが、コンセンサス配列を、データベースに登録してあるさまざまな塩基配列と比較してみると、そうはなっていなかった。なぜかコンセンサス配列は、哺乳類と比べて、とくに鳥類や爬虫類に近縁なわけではなかったのである。

しかし、これは仕方のないことだとウッドワードは考えた。コンセンサス配列は１３３塩基の長さだが、おそらくこれでは短すぎるのだ。

ある一つの系統が二つの系統に分岐した場合を考えよう。二つの系統では、それぞれ独立に突然変異などが起きて、少しずつ塩基配列が変化していく。そのため、時間が経つにつれて、二つの系統の塩基配列の違いは大きくなっていく。

ただし、どの塩基に突然変異が起きるかは偶然による。連続して並んでいるいくつかの塩基のすべてに、たまたま突然変異が起きることもあるだろう。そうかと思うと、塩基配列のかなり長い領域に、たまたま突然変異が一つも起きないことだってあるだろう。そのため、解析する領域があまりに短いと、偶然の作用が大きく影響してくるので、正しく系統を推定することができなくなるのである。

ウッドワードが使ったコンセンサス配列は133塩基の長さだったが、これでは短すぎたのだ。塩基数が少なければ、情報量が足りないので、正確な系統解析はできない。もしも、コンセンサス配列がもっと長ければ、きっと明確な結果が得られたに違いない。ウッドワードは、そう考えたわけだ。

それは、そうかもしれないけれど……でも、何か引っかかる。ウッドワードの考えは、どこか変ではないだろうか。

クワコーの涙

千葉の果ての「たらちね国際大学」に勤めるクワコーこと桑潟幸一准教授は、ときどき野菜の無人販売所で大根や人参(にんじん)を買う。お金は柱に固定してある箱の中に入れるのだが、最近クワコーは、お金に名前を書いておくようにしている。ペンで「クワガタ」と硬貨に書いてから、箱に入れるのだ。もちろん、それは農家の老女に対する予防策である。この前のように、泥棒と疑われるのは、まっぴらだからだ。

ところが翌日、野菜の無料販売所の前を通りかかると、農家の老女が道に立っていた。そして、クワコーの顔を見るなり、こう言った。

「あんた、昨日、野菜を盗んだね?」

しかし、クワコーは、胸を張って言い返した。

「盗んでなんか、いませんよ。証拠だってあります。箱の中を調べてみれば、私の名前が書いてある硬貨があるはずです」

「本当かね？」

老女は箱の中を探し始めた。そして、しばらくすると顔を上げた。

「ないよ」

「そ、そんなはずはない！」

クワコーは慌てて、自分でも箱の中を探し始めた。でも、たしかに、ない。そして、箱の中の硬貨は、すべてひんやりと濡れていた。そういえば、昨晩は雨が降っていた。その雨に濡れて、硬貨に書いた名前は消えてしまったらしい。水性のペンで書いたのが失敗だった。

クワコーは適当に1枚の硬貨をつまみ上げて、涙した。もしかしたら、この硬貨が、クワコーの払った硬貨かもしれない。でも、名前が消えてしまった以上、それを知るすべは永遠に失われてしまった。クワコーは、勝ち誇った老女の蔑むような視線を浴びながら、唇を噛むしかなかった。

さて、ウッドワードが示したコンセンサス配列は、クワコーが最後に手にした硬貨のようなものである。クワコーが払った硬貨かもしれないけれど、違うかもしれない。恐竜のDN

Aかもしれないけれど、違うかもしれない。どちらか、わからないのだ。

ところが、不思議なことに、クワコーとウッドワードが出した結論は正反対である。ウッドワードは、コンセンサス配列を（はっきりした証拠がないのに）恐竜のものだと考えていたらしい。だからこそ、論文を発表したのである。

一方、クワコーの結論は「名前が消えている以上、クワコーのものだとはいえない」というものである。だから、クワコーは涙したのだ。老女の疑いを晴らすことができなかったのだ。

証拠がない以上、クワコーの硬貨だということはできない。証拠がない以上、恐竜のDNAだということはできない。だから、クワコーのように、ウッドワードも涙するべきだったのだ。しかし、ウッドワードは涙しなかった。それどころか、ちゃんと論文を発表した。そして、周囲の人々も、恐竜のDNAが発見されたと受け取って、大きな話題となった。何だか不思議な話である。

人の気持ちまではわからないので、これは推測だが、もしかしたらウッドワードも心の中では涙したのではないだろうか。証拠がないのだから恐竜のDNAだとは主張できない、そんなことはわかっていたのだと思う。でも、だからといって、このDNAが恐竜のものである可能性が完全に消えたわけではない。もしも、このDNAが本物の恐竜のものだったら……世間に知られることなく埋もれさせてしまうのはあまりにも惜しい。とりあえず論文にしておけば、後でこのＤＮＡが恐竜のものだと証明されたときに、恐竜のＤＮＡの発見者としての名誉が得られるかもしれない。ウッドワードは、そう考えたのではないだろうか。きちんとした証拠は後から揃えることにして、とりあえず塩基配列だけは発表しておこうと考えたのではないだろうか。

何しろ、当時は、恐竜のＤＮＡレースの真っ最中である。『ジュラシック・パーク』の影響もあって、多くのグループが恐竜のＤＮＡを必死に探していた時期なのだ。発表が遅れれば、他のグループに出し抜かれてしまうかもしれない。そんな焦りをウッドワードが感じていたとしても不思議はない。

そう考えれば、論文の中で、ウッドワードが奥歯に物が挟まったような言い方をしていることも理解できる。論文の中では、研究に使った骨を、恐竜のものとは断定していない。それなのに、恐竜をほのめかす表現はふんだんに出てくる。しかも、古代ＤＮＡを扱った論文としては非常に不自然なことだが、研究に使った骨がどんな生物のものかという考察をまったくしていない。あえて、そういう考察を避けているようにさえ思える。おそらく、塩基配列を公表しておくことを第一の目的とした論文だったのだろう。

ウッドワードの誤算？

１９９４年の論文の中では、炭鉱で見つけた骨を恐竜のものだと断定しなかったウッドワードだが、周囲はそうは見なかった。ウッドワードを恐竜のDNAの発見者として扱ったのだ。新聞や雑誌だけでなく学術専門誌でも、ウッドワードが発見したDNAを「恐竜のDNA」とはっきり書いていたけれど、ウッドワードや共同研究者たちは、それを否定しなかったからだ。炭鉱で見つけた骨から取り出したDNAを、ウッドワードが恐竜のDNAだと確信していたかどうかはわからないが、それを強く望んでいたことは間違いないだろう。

ところが、ウッドワードへの反論はたちまち噴出した。ウッドワードが見つけたものは、恐竜のDNAではないというのである。反論の多くは、研究方法の不適切さを指摘するものだった。たしかに、ウッドワードらの研究では、きちんとした系統解析が行われていないし、結果を再現する試みもされていない。しかし、これらの反論だけでは決定的ではない。もしも、ウッドワードが見つけたDNAが、恐竜以外のある生物のものだと特定できれば、決定的な反論となる。そう考えたのは、ペーボのグループだった。

ペーボのグループが、ウッドワードの塩基配列を再解析したところ、それは恐竜のものではなく哺乳類のものであり、しかもヒトのものである可能性が高いことがわかってきた。しかし、不思議なことに、それはヒトのDNAの塩基配列に完全に一致するわけでもなかった。

じつはウッドワードも、ヒトのDNAが混入している可能性については認識していた。骨ではなく周囲の砂岩をサンプルとした対照実験で、ヒトのDNAが検出されたからだ。しかし、例のコンセンサス配列は、ヒトの塩基配列とは一致しなかった。それどころか、当時知られていたいかなる塩基配列とも一致しなかったのである。だから、ウッドワードは恐竜のDNAである可能性が高いと考えたわけだ。

それでは、ウッドワードが見つけたDNAは、いったい何だったのだろうか。

ミトコンドリアの起源

私たちの細胞の中にはDNAが存在する場所が二つあって、それが核とミトコンドリアであることはすでに述べた。このミトコンドリアは、もともとは別の生物だったプロテオバクテリアの一種が、私たちの祖先の細胞に取り込まれて、共生を始めたものと言われている。共生すれば、プロテオバクテリアは、苦労せずに栄養などが手に入るし、私たちの祖先の細胞は、プロテオバクテリアが生み出すエネルギーを利用できる。双方にメリットがあるわけだ。

プロテオバクテリアは細菌の仲間なので、もちろんDNAを持っている。そのため、共生を始めて、ミトコンドリアと呼ばれるようになってからも、そのまま自分のDNAを持ち続けている。だから、私たちの細胞には、核の他にミトコンドリアにもDNAが存在しているのである。

ただし、現在では、ミトコンドリアの遺伝子の多くはミトコンドリアから出て、私たちの細胞の核の中に入ってしまった。ミトコンドリアに残っている遺伝子は、ほんの一部である。

だから、もはやミトコンドリアは、私たちの細胞の外に出て生きることはできない。ミトコンドリアは、私たちの細胞の一部になったのである。

ところで、このミトコンドリアから核へのDNAの移行は、現在でもときどき起きている。そのため、私たちの核DNAの中には、ミトコンドリアDNAの断片が数千個ぐらいは入っているようだ。そして、どんな断片が入っているかは、ヒトによってある程度は異なるらしい。

もっとも、かなり昔に核DNAに入った古い断片は、すべての人で同一である。もし、いろいろな人がいろいろなミトコンドリアDNAの断片を持っていても、長い時間が経つうちには、自然淘汰や偶然の作用で淘汰されて、断片の種類が減っていくからだ。しかし、比較的最近（といっても数十万年前以降ぐらいに）核DNAに入った断片は、まだ淘汰されずにかなり残っている。そして、人によってかなり違うらしい。

しかも、核DNAに移行したミトコンドリアDNAは、かなり速く変化していく。もはや働く必要がないからだ。

細胞の中にはミトコンドリアがたくさんある。その中の一つのDNAが核に移行したところで、細胞は何も困らない。他のミトコンドリアのDNAがきちんと働いてくれれば、細胞は安泰である。そのため、核に移行したミトコンドリアDNAは、もはや働かなくてもよい。塩基配列がどんどん変化して、遺伝子として機能しなくなっても構わないのである。

そういう状況では、遺伝子を変化させないように作用していた自然淘汰の力が外れるので、核DNAに入ったミトコンドリアDNAは、かなり速く変化していくことになる。何の働きも求められないので、変異が無秩序に蓄積していくからだ。

核へ移行したミトコンドリアDNAの解析

ペーボは、ウッドワードのDNAが、この核へ移行したミトコンドリアDNAではないかと予想した。これは、もちろんヒトのDNAだが、いわゆるヒトのミトコンドリアDNAからは少し変化しているので、ヒトのDNAデータの中に一致する塩基配列がなくても不思議はないからだ。

そこで、ペーボは、核へ移行したミトコンドリアDNAを調べることにしたのだが、そこには問題があった。核へ移行したミトコンドリアDNAを調べるためには、ミトコンドリアDNAを除いて、核DNAだけをサンプルとして用意する必要がある。しかし、通常の方法で細胞からDNAを抽出すると、核DNAの他にミトコンドリアDNAもたくさん交じってしまうのだ。

細胞の中には一つの核と数千個ぐらいのミトコンドリアがある。つまり、核へ移行したミトコンドリアDNA一つあたり、それによく似た本来のミトコンドリアDNAが数千個あるのだ。こういう状況で、核へ移行したミトコンドリアDNAを探すのは、事実上不可能だ。

両者はよく似ているため、PCRを使うと、どうしても本来のミトコンドリアDNAの方が増えてしまうのである。

多くの動物では、核のDNAは父親と母親から半分ずつ受け継がれるのに対し、ミトコンドリアのDNAは母親からだけ受け継がれる。私たちヒトもそうで、あなたのミトコンドリアDNAは母親のものとまったく同じで、父親からは受け継がれていないのである。

私たちは、父親の精子と母親の卵が受精してできた受精卵から発生する。ところが、精子の頭部にはミトコンドリアがない。受精するときには、精子の頭部だけが卵に入るので、ミトコンドリアは父親からは受け継がれないと、従来は説明されてきた。たしかに、そういう動物もいるのだが、私たちヒトを含む多くの動物では、精子からもミトコンドリアが持ち込まれることがわかってきた。しかし、精子から卵に持ち込まれたミトコンドリアは、発生の初期の段階で消えてしまうらしい。ともあれ、精子の頭部にはミトコンドリアがほとんどないのは事実である。そこで、ペーボは精子の頭部からDNAを抽出し、そのDNAを使って解析をしたのである。

ペーボらは、ウッドワードらと同じプライマーを使ってPCRを行った。すると、予想どおりに、核へ移行したミトコンドリアDNAの塩基配列がたくさん見つかった。その中には、ウッドワードが恐竜のものとした塩基配列にそっくりのものもあった。つまり、恐竜のものとして発表されたDNAは、ヒトのDNAだったのである。おそらく実験中にヒトのDNA

が混入したのであろう。

ウッドワードも、ヒトのDNAの混入について注意はしていた。注意はしていたが、問題は別のところにあったようだ。

単純化して考えると、ウッドワードの実験結果としてのDNAの塩基配列には、三つのタイプがあり得た。一つ目は、恐竜のDNAらしき塩基配列で、二つ目は、ヒトなどから混入した塩基配列で、三つ目は、どの生物のものかわからない塩基配列だ。

ところが、ウッドワードの頭の中には、二つのタイプしかなかったようだ。一つ目は、恐竜のDNAらしき塩基配列で、二つ目はヒトなどから混入した塩基配列だ。それでは、三つ目の、どの生物のものかわからない塩基配列が得られたときはどうしたかというと、それは一つ目の恐竜のDNAらしき塩基配列に分類してしまったのである。

ただし、物は言いようである。「どの生物のものかわからない塩基配列」は、しばしば「現存するどの生物とも異なる塩基配列」と言い換えられる。両者は同じ意味で使われることがあるが、厳密にいえば両者は異なるものである。

なぜなら、すべての現生生物のDNAの塩基配列を、人類が知っているわけではないからだ。たとえば、国際的なDNAのデータベースには莫大な量の塩基配列が登録されている。とはいえ、すべての生物の塩基配列を網羅しているわけではない。もしもデータベースに登録されていない塩基配列を持つ現生生物のDNAが混入していたら、それは「どの生物のものかわからない塩基配列」ではあるけれど、「現存するどの生物とも異なる塩基配列」ではない。しかし、残念なことに、両者はしばしば同じ意味で使われる。そして、ウッドワードは、前者ではなく後者の言い方を好んだようである。

「このDNAは恐竜の骨から抽出されたものであり、その塩基配列は現存するどの生物のものとも異なっていた」と言われれば、「このDNAは恐竜のものである」と結論したくなる気持ちもわからないでもない。しかし、こういう場合は冷静になって、「このDNAは恐竜の骨から抽出されたものだけれど、その塩基配列はどの生物のものかわからなかった」と言うべきだったのである。

夜空を飛ぶUFO

ずいぶん昔の話だが、私がいた大学のある研究室で、レーザーの実験が行われていた。夜になってからレーザーを空に向けて照射すると、雲にレーザーが当たって楕円形に光るのだ。どちらかというと地味で基本的な実験だが、これが結構な騒ぎになってしまった。たまたま大学が渋谷の近くにあったせいで、渋谷を行き交う大勢の人々に、その楕円形の光が目撃されてしまったのである。そして、渋谷の上空に空飛ぶ円盤が出現したと勘違いされて、かなりの騒ぎになったらしい。結局、研究室の先生が謝罪することになったそうだ。

じつは、私もUFO（未確認飛行物体）を見たことがある。大学生の頃、夜中に公園を歩いていると、夜空の東から西に向かって、20個ほどの光が矢印のような形に編隊を組んで、あっという間に飛び去ったのだ。東から西に飛び去るのにかかった時間は、わずか数秒だった。ちょっと考えられないようなスピードである。

私が夜の公園で見たものの正体は、未だにわからない。あれもレーザー光だったのかなあ、と思うこともあるけれど、その夜は晴れていて雲はなかったようだ。今でもときどき思い出しては、不思議に思っている。でも、不思議には思っているけれど、それを宇宙人の乗った円盤だろうと考えたことは一度もない。だって、この世には、不思議なことがたくさんあるからだ。それらを全部宇宙人のせいにしていたら、宇宙人も忙しくて堪らないだろう。

たとえば、あなたが、大好きなケーキを買ってきて、テーブルに載せておいたとしよう。ところが、ちょっと目を離したすきに、ケーキがなくなってしまった。そこで、あなたは、おそらく弟が食べたのだろうと考えた。そして、弟の部屋に行って、問い詰めた。ところが、弟は食べていないという。それどころか、きっと宇宙人が食べたのだと言い始めた。あなたが否定すると、弟はますますむきになって、こう言った。

「じゃあ、宇宙人が食べたんじゃないって、証明してよ」

さすがに、そう言われると、あなたも困ってしまうに違いない。

適当なことを言うのは簡単だ。しかし、それが間違いだと示すことは大変だ。つまり、夜の公園で見た光を、宇宙人の円盤だと信じることは簡単だ。しかし、それが間違いだと示すことは大変だ。最初の話のように、空飛ぶ円盤がレーザーの光だったと解明される方が、つまり、間違いだと実証される方がレアなケースなのだ。

PCRポリス

そう考えると、ウッドワードらの恐竜のDNAを否定するために、ペーボらがずいぶん頑張ったことがわかる。ウッドワード以上に深く考えて、ウッドワードが考えつかなかった仮説を立てて、さらに多大な労力を注いで実証したのだから。というか、ある研究に対する反論で、ここまで見事なものを、私は他に知らない。ちょっとやり過ぎな感じがするぐらい徹底的な反論だ。それほど恐竜のDNAは社会的に有名になり、放っておくことができなかったのだろう（もっとも、ウッドワードはペーボらの反論に納得せず、その後も自分たちが取り出したのは本物の恐竜のDNAであると主張していたそうだ[15]）。

しかし、胡散臭い古代DNAの研究は山ほどある。それらにいちいち反論していたら、それだけでペーボの研究人生は終わってしまうに違いない。しかも、反論をしたからといって、ペーボ自身の研究が進むわけではない。ある学生は、ペーボに対して「もう、PCRポリスはやめましょうよ」と言ったそうである[26]。

ペーボも悩んだことだろう。胡散臭い古代DNA研究はたくさんあるけれど、その中で社会的に大きな影響力を持つものは、恐竜の他にもう一つある。琥珀の中の昆虫だ。しかし、結局ペーボは、琥珀の中の昆虫のDNAに対する反論は諦めて、自分たちの研究をきちんと進めることを選択した。ちなみに、以前に述べたナマケモノの古代DNAの研究は、この頃に行ったものである。

ロンドン自然史博物館

ペーボは恐竜のDNAに対してPCRポリスの役割を果たしたが、琥珀の中のDNAに対してPCRポリスの役割を担ったのは、おもにロンドン自然史博物館であった。ジェレミー・オースティン、アンドリュー・ロス、アンドリュー・スミス、リチャード・フォーティ、リチャード・トーマスといったロンドン自然史博物館の動物部門および古生物部門の面々が、琥珀の中に昆虫が入っている15個のサンプルについて、約500回ものPCRを行って、琥珀の中のDNAの真偽を確認しようとしたのである[46]。この実験には、ジョージ・ポイナーとヘンドリック・ポイナーも協力して、サンプルをいくつか提供している。数千万年前の琥珀中の昆虫からDNAを取り出す競争で、1992年にデサールと一番乗りを争ったカノと同じチームだった、あのポイナー父子である。

さて、ロンドン自然史博物館の研究者たちが、何をしようとしたかというと、過去に論文で発表された結果を再現しようとしたのである。本当に琥珀の中に古代DNAが残っているのであれば、同じプライマーを使ってPCRを行えば、同じ結果が得られるはずだからだ。

とくに、ポイナー父子から提供してもらったサンプルは、彼らが論文で発表したのと同じサンプルなので、少なくともこのサンプルからは同じ結果が得られなければおかしいだろう。

PCRで増幅の対象にしたのは18SリボソームDNAで、デサールやカノやポイナー父子と同じ遺伝子である。実験は注意深く、そして体系的に行われた。PCRで予想された長さのDNAが増幅された場合は、塩基配列も決定された。しかし、それらのDNAは、サンプルを含んでいない対照実験でも増幅されたり、系統解析をすると昆虫でないことがわかったりするものばかりだった。そして、昆虫のDNAと思われるもので、きちんと再現性のあるものは、一つもなかったのである。つまり、かつて報告された琥珀の中の昆虫のDNAとまったく同じ塩基配列を再現することはできなかったわけだ。

また、ロンドン自然史博物館の面々は、琥珀だけでなくコーパルについての実験も行った。琥珀は植物の樹脂が長い年月をかけて固まったものだが、その途中の段階がコーパルである。コーパルは「若い琥珀」とも呼ばれ、琥珀ほどは固くなっていない。琥珀になるまでDNAが保存されるのなら、当然コーパルにもDNAが保存されているはずだ。しかし、コーパルからも、再現性のある昆虫のDNAは得られなかったのである。そして、これらの結果は1997年に発表された。

ロンドン自然史博物館が行ったような、琥珀中のDNAの再現実験は、他にもいくつかのグループで行われたが、いずれも失敗に終わっている。比較的最近のものとしては、201

３年にイギリスのマンチェスター大学のグループが発表したものが注目に値する。２０１３年といえば、カノやポイナー父子が恐竜時代の琥珀からＤＮＡを取り出したと発表した１９９３年から、ちょうど20年後である。マンチェスター大学は、蓄積された知見と最新の技術を使って、コーパルからＤＮＡを取り出すことを試みた[47]。しかし、わずか60年ほど前のコーパルからも、古代ＤＮＡを取り出すことはできなかった。

琥珀に対する信仰

それにしても、どうして琥珀はこんなに人気があるのだろうか。たしかに、琥珀は組織や細胞に対して固定液として働くし、琥珀自体も固いので、閉じ込められた生物の形をよく保存できる。しかし、一番重要なことは、琥珀が透明なことではないだろうか。透明なせいで、中に閉じ込められた動物の姿勢まで生々しく観察できる。まるで生きているように見えることもある。そのため、ＤＮＡも保存されていると信じたくなってしまうのではないだろうか。もしも琥珀が透明でなかったら、ここまで人気は出なかっただろう。ということで、少し冷静になって考えてみよう。

琥珀は非常に固くて水が入ってこないので、その中のＤＮＡは加水分解されないとよく言われる。日常生活のレベルなら、つまり数年や数十年のレベルなら、それは正しい。しかし、数千万年とかのレベルになると、話は違ってくる。琥珀といえども、ほんの少しは液体や気体が浸透する。数千万年ものあいだ、DNAを加水分解から守る力が琥珀にあるか、それははなはだ疑問である。

また、琥珀には4万年以上前の古いものが多い。なぜ、4万年以上前のものが多いかというと、琥珀が完全に固くなるまでに4万年ぐらいかかることが多いからだ。もっとも、数十年でそれなりに固くはなるようだが、いわゆる宝石のような固い琥珀にはならない。年数はともあれ、とにかく生物は、死んだ瞬間に固い琥珀に取り込まれるわけではない。かなりの時間をかけて、ゆっくりと固くなっていくのだ。固くなるまではDNAは保護されていないので、そのあいだにDNAが壊れてしまう可能性は、かなり高いのではないだろうか。

さらに、琥珀が固くなるためには、かなりの高温高圧を経験することがふつうである。樹脂が堆積物中に深く埋まり、長期間にわたって熱や圧力を受けることによって、樹脂の分子が重合する。そうして、樹脂は（コーパルの状態を経て）固い琥珀になるのだ。つまり、琥珀中のDNAは長期間にわたって高温に晒（さら）された可能性が高い。これはDNAの保存には向かない条件である。

それと、つい忘れがちなのは、紫外線の影響である。紫外線は常に地表に降り注ぎ、DNAを破壊している。生きているあいだはDNAを修復する機能が働いているけれど、死んだ瞬間から紫外線によるDNAの破壊が始まる。化石人類の古代DNAの解析がうまくいった理由の一つは、この紫外線の影響が少なかったためだと考えられる。化石人類は洞窟（どうくつ）に住んでいたため、化石が洞窟の中で発見されることが多い。そのため、化石中のDNAが紫外線から守られていたのであろう。一方、樹脂は、太陽光を浴びた状態で固まることが多いので、紫外線の影響はかなりあると考えられる。

とはいえ、ポイナー父子は、琥珀中のDNAに対する希望を捨てていない。なぜなら、それぞれの琥珀ごとにDNAが保存されている可能性が異なるからだ、と彼らは主張する[48]。琥珀に同じものは二つとないため、最初に報告された結果が間違いだとは、誰にも主張できない。再現実験に成功しなかったのは、実験自体がずさんだった可能性がある。さらに、これからは、琥珀だけでなく、数万年前の比較的新しいコーパルにも目を向ける必要がある。琥珀に関するドアはまだ閉じていないのだ。

以上がポイナー父子の主張の、だいたいの内容である。彼らは再現実験がずさんだった可能性を指摘しているけれど、再現実験は複数のグループが行っており、それらのすべての実験がずさんだったとは考えにくい。さらに、コーパルについての実験も、すでに行われていることは、前述したとおりである。総合的に考えれば、琥珀に関するドアは、ほとんど閉じかけていると言ってよいだろう。

しかし、古代DNAの研究に関するドアが、すべて閉じられてしまったわけではない。恐竜のDNAや琥珀の中のDNAの研究で、古代DNAという研究分野はかなりの信用を失ってしまったけれど、底まで落ちればあとは上がるしかない。そんな当時の明るい話題は、ネアンデルタール人のミトコンドリアDNAの解明であった。

第7章　ネアンデルタール人で復権

古代DNA研究の復権

ネアンデル谷（タール）は、ドイツのライン川の支流であるデュッセル川にある渓谷で、滝や洞窟のある風光明媚（ふうこうめいび）な景勝地であった。ところが19世紀になると、大理石や石灰石の採掘が始まり、残念なことに景観が破壊され始めた。崖（がけ）の中腹にあるクライネ・フェルトホッファー洞窟でも採掘が行われ、堆積物はダイナマイトで取り除かれた。その後、洞窟の外に捨てられた骨の中から、ネアンデルタール人の骨が発見されたのである。１８５６年のことであった。

地元の教員であったヨハン・カール・フールロットは、それらの骨を見て、古い時代の人類の骨ではないかと考えた。そこで、ボンにいた解剖学者、ヘルマン・シャーフハウゼンに調べてもらうことにした。シャーフハウゼンは頭骨を見て、私たちとは違う人類であることを確信した。そこで、フールロットとシャーフハウゼンは、「私たち以前に別の人類が存在したが絶滅した」と学会で発表したのである。

じつは、これ以前にも、ネアンデルタール人の化石はいくつか発見されている。しかし、それらが、私たちホモ・サピエンスとは異なる人類だと見抜いた人はいなかったのだ。

このネアンデル谷から見つかったネアンデルタール人の骨は、現在、ボンの博物館に収蔵されている。そのうちの一つである上腕骨から切り取った骨片を、スヴァンテ・ペーボたちは譲り受けることができた。そして、そこからPCRでミトコンドリアDNAを増幅して、塩基配列を明らかにしたのである。その結果は、ネアンデルタール人のミトコンドリアDNAとして、1997年に発表された[49]。そして現在でも、その結果は正しいと考えられている。古代DNAの研究が、恐竜や琥珀の長いトンネルからやっと抜けて、明るい世界に戻ってきたような、記念碑的な研究であった。

再現性を重視

ペーボたちがもっとも重視したのは、結果の再現性であった。ペーボたちは、ネアンデルタール人の骨から、明らかにヒトと似ているけれど、ヒトとは少し異なるミトコンドリアDNAを増幅した。このミトコンドリアDNAは、ネアンデルタール人のものである可能性がある。そこで、このミトコンドリアDNAが、ネアンデルタール人の骨から繰り返し増幅できるかどうかを確認したのである。

この実験において中心的な役割を担ったのが、当時ミュンヘン大学動物学研究所の大学院生だったマティアス・クリングスだった。クリングスは、ネアンデルタール人の骨からPCRで増幅したDNAを、さらにクローニングして塩基配列を決定した。クローニングすると、PCRで増幅された多くのDNA分子のそれぞれについて、個々に塩基配列を決めることができるからだ。

最初の実験では、クローニングした18個のDNAのうち、17個はネアンデルタール人らしきDNAで、一つはヒトのDNAであった。ヒトのDNAは、外部から混入したものと考えられる。クリングスはもう1回PCRとクローニングを行った。クローニングした12個のDNAのうち、10個はネアンデルタール人らしきDNAで、二つはヒトのDNAであった。さらにクリングスは、実験の最初のステップである、骨からDNAを取り出すところからやり直して、実験もしてみた。また、別の研究室で別の研究者にも、同じ実験をしてもらった。ペンシルヴァニア州立大学の集団遺伝学者であるマーク・ストーンキングの研究室で、大学院生のアン・ストーンに同じ実験をしてもらったのである。そうして、徹底的に再現性を確認したことで、ヒトと似ているけれどヒトとは少し異なるミトコンドリアDNAが、外部からの混入ではなく、少なくともネアンデルタール人の骨の中にあったものであることは確実となった。

ただし、これらの数十個のクローンを比べてみると、同じ部位なのに塩基がCとTに分かれるところが何ヵ所かあった。クローンの3分の2ぐらいではCだが、3分の1ぐらいではTなのだ。これは、古代DNAに特徴的な脱アミノ化によるエラーと解釈できるので、正しい塩基はおそらくCだろう。

こうして復元された379塩基のミトコンドリアDNAを、数千人のヒトのミトコンドリアDNAと比較すると、平均して28塩基の違いがあった。一方、ヒト同士で比較した場合は、7塩基程度の違いであった。ネアンデルタール人はヒトに近縁だが、ヒトとは別種の人類であった可能性が高いので、もしこのDNAがネアンデルタール人のものだとすれば、これは納得できる結果である（ちなみに本書では、ヒトの祖先がチンパンジーの祖先と分岐した後、ヒトに至る系統に属する生物をすべて「人類」と呼び、「人類」の最後の1種である現生人類だけを「ヒト」と呼ぶことにする。つまり、「ヒト」も「ネアンデルタール人」も、それぞれ「人類」の一種である）。

ミトコンドリア・イヴによる検証

ヒトのミトコンドリアは父親からは受け継がれず、母親からだけ受け継がれる母系遺伝をする。そのため、ミトコンドリアの系図をどんどん遡（さかのぼ）っていくと、ついにはすべてのヒトのミトコンドリアは1人の女性に行き着く。この女性はミトコンドリア・イヴと呼ばれ、約16万年前にアフリカに住んでいたと推測されている（図表11のA）。

ただし、ミトコンドリア・イヴだけが、すべてのヒトの共通祖先というわけではない。じつはDNAのそれぞれの領域ごとに、すべてのヒトの共通祖先がいるのだ。たとえば、Mという領域の共通祖先は30万年前に生きていた男性で、Nという領域の共通祖先は10万年前に生きていた女性だ、といった具合である。すべてのヒトの共通祖先は、数えきれないほどいるのである。

ミトコンドリア・イヴが生きていた時代に限って考えても、私たちの遺伝子はミトコンドリア・イヴさんからも、その隣の森に棲んでいたPさんからも、遠くの草原に棲んでいたQさんからも、その他大勢の人々から受け継いでいる。もしかしたら、あなたはPさんからY染色体を受け継いでいるかもしれない。Qさんからインスリン（すい臓から分泌されるホルモン）の遺伝子を受け継いでいるかもしれない。そして、ミトコンドリア・イヴさんからは、ミトコンドリアDNAを受け継いでいるのである。

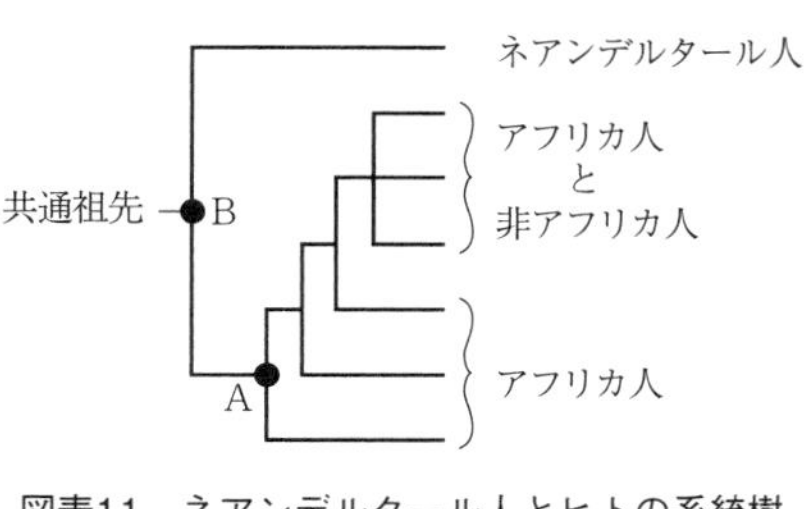

図表11　ネアンデルタール人とヒトの系統樹

ところで、私たちのミトコンドリアDNAに、ネアンデルタール人の骨のミトコンドリアDNAを加えた場合、ミトコンドリア・イヴはどうなるだろうか。それも、ペーボたちは解析してみた。すると、約50万年前という結果が出た。現代のヒトのミトコンドリア・イヴより3～4倍も古い時代である（図表11のB）。

これらのデータを総合的に考えて、ペーボたちはネアンデルタール人の骨から取り出したミトコンドリアDNAを、ネアンデルタール人に由来する本物のミトコンドリアDNAであると結論して、発表したのである。１９９７年のことであった。

私たちはネアンデルタール人と交雑したか

ネアンデルタール人のミトコンドリアDNAの研究では、人類の進化に関する大きな問題が二つ提示されていた。そして、そのうちの一つには答えることができたが、もう一つには答えることができなかった。答えることができたのは、ヒトの起源に関する問題である。

ヒトの起源には、おもな説が二つある。多地域進化説とアフリカ単一起源説だ。

多地域進化説によれば、ヒトの起源は以下のように説明される。ヒト（ホモ・サピエンス）の祖先種であるホモ・エレクトゥスが、１００万年以上前にアフリカを出て、世界各地に移住した。その後、それぞれの地域でヒトへの進化が起きた、というのである。つまり、オーストラリア原住民はジャワ原人から進化したし、日本人や中国人は北京（ペキン）原人から進化したし、ヨーロッパ人はネアンデルタール人から進化した、というわけだ。

一方、アフリカ単一起源説では、すべてのヒト（ホモ・サピエンス）は、30万年前にアフリカに出現した単一の集団から進化した、と考える。つまり、ジャワ原人や北京原人やネアンデルタール人はヒトの祖先ではなく、子孫を残すことなく絶滅した人類である、というわけだ。

さて、図表11を見ると、現在のすべての人類の共通祖先は、ネアンデルタール人と分岐した後に出現している。これは明らかに、アフリカ単一起源説を支持していることになる。

一方、ネアンデルタール人のミトコンドリアDNAの研究で答えることができなかった問題は、ヒトとネアンデルタール人が交雑したかどうかだ。

たしかに、ミトコンドリアDNAを見るかぎり、ヒトとネアンデルタール人の間に交雑のあった証拠はない。ネアンデルタール人のミトコンドリアDNAは、ヒトのミトコンドリアDNAの変異の範囲の外側にあって、まったく重ならないからだ。

しかし、だからといって、交雑がなかったとまではいえない。交雑があっても、両者の間で女性の移住がなければ、その証拠は残らない。また、ネアンデルタール人のミトコンドリアDNAがヒトに受け継がれたとしても、それを受け継いだ女性に子供がいなかったり、あるいは男の子しか生まれなかったりすれば、そこでミトコンドリアDNAの系統は途切れる。そうして、ミトコンドリアDNAの系統が減っていき、ついにはなくなってしまった可能性もある。

しかし、もしも核DNAを調べることができれば、そういう問題は解決する。核DNAは母親だけでなく父親からも受け継がれるので、そう簡単には途切れないし、その情報量も莫大だからだ。

しかし、情報量は多いけれど、コピー数が少ない。ミトコンドリアDNAなら一つの細胞に何千個もあるが、核DNAは2個しかない。そのため、古代の核DNAは増幅するのは難しかった。ところが、新しい技術が突破口を開いてくれたのである。

パイロシークエンス法

核DNAを分析するにはどうすればよいか、ペーボはいろいろな人に意見を聞いた。スウェーデン人の生化学者でバイオテクノロジーの事業者でもあるマティアス・ウーレンも、その一人だった。そのウーレンの研究室で、新しい塩基配列決定法を開発したのが、ポール・ニュエリンである。ニュエリンが開発した方法は、パイロシークエンス法と呼ばれている。ちなみに、シークエンスとは塩基配列を決定することで、それを行う装置をシークエンサーという。

のちに（具体的には2005年以降）従来よりも桁違いに速く塩基配列を決定できる、さまざまな次世代シークエンサーが発売されるようになったが、その最初のモデルで使われたのが、このパイロシークエンス法である。ペーボはこの方法を使って、ネアンデルタール人の核DNAを100万塩基ほど決定して解析を行った[50]。そして、その有効性を確認できたので、いよいよこの方法で、核ゲノムの解読を始めることになる（ちなみに、その後、ペーボたちは、パイロシークエンス法以外の原理の次世代シークエンサーも使うようになる）。

その原理を説明するために、実際より単純化したケースを考えよう。５塩基のＤＮＡに、ＡＣという２塩基のプライマーが結合した、短いＤＮＡ鎖のケースだ。

ＡＣ
↓
ＴＧＣＡＴ

ここでプライマーのＤＮＡ鎖を伸長させると、ＡＣというプライマーのＣの下側にＧが結合し、次にＴが結合し、次にＡが結合する。こうして、↓の向きにＤＮＡ鎖が伸びていくわけだ。

ここで、ちょっとした工夫をしておく。塩基がＤＮＡ鎖に取り込まれると発光するように、反応液に酵素などを加えておくのだ。そうすると、どうなるだろうか。

最初に戻って考えてみよう。ＡＣという２塩基のプライマーの下側に結合するのはＧなので、反応液にＧを加えると、Ｇはプライマーと結合して発光する。しかし、他の塩基（ＡとＴとＣ）を加えても、プライマーと結合しないので発光しない。

さて、原理の説明は、これで終わりである。実際のパイロシークエンス法では、反応液に

4種類の塩基を同時に加えないで、一つずつ順番に加えていく。まずAを加えると、発光しない。次にTを加えても発光しない。Cでも発光しない。ところがGだと発光する。そこで、プライマーACの下に結合するのはGだとわかる（あるいは相手側の塩基がCだとわかる）のである。あとは同じ操作を繰り返していけば、一つずつ順番に塩基が決まっていくことになる。

ただし、この方法は30回ぐらいしか繰り返せないので、1回で決定できる塩基配列の長さは30塩基程度と短いものであった（ちなみに今では1回で100塩基以上を決定できる）。その代わり、たとえば20万個の微小な窪（くぼ）みがあるプレートで実験を行えば、1回の実験で20万個のDNAの塩基配列を決めることができる（ちなみに今では1回で数十億個を決めることも可能である）。つまり、パイロシークエンス法は、長い塩基配列を読むのではなく短い塩基配列を読むのだが、その代わり莫大な数の短い塩基配列を読むのである。そのため、読んだ後で、短い配列を繫げていく作業が必要になる。したがって、コンピューターによる処理が必要だ。パイロシークエンス法をはじめ次世代シークエンス法は、コンピューター技術の発展を背景に生まれたブレイクスルーなのである。

ちなみに、次世代シークエンス法は短い塩基配列を読む技術なので、古代DNAの研究にぴったりだった。現生生物から抽出したDNAは長いので、次世代シークエンス法で塩基配列を読むためには、制限酵素や超音波などでわざわざ短く切断する必要がある。しかし、古代DNAの場合はもとから短いので、そんなことをしなくてよいのである。

混入の克服

野菜の無人販売所で泥棒と疑われたクワコーこと、たらちね国際大学の桑潟幸一准教授は、ついに己(おのれ)の無実を示す決定的な方法を考えついた。

思えば、野菜の無人販売所では、何度も悔し涙を流したものだった。ちゃんと箱にお金を入れたのに、どれが自分の入れたお金かわからなかったこともあった。お金に名前を書いたのに、雨に濡れて消えてしまったこともあった。しかし、そんな苦労も過去のことだ。今ではクワコーは、いつも二つのものを持ち歩いている。油性のペンと大きなトレイだ。

箱に入れるお金には、油性のペンではっきりと名前や日付を書いておく。そして、もしも老女に疑われたときは、大きなトレイの上に箱をひっくり返して、すべてのお金をトレイの上に並べるのだ。

油性のペンで名前を書いておけば、雨でも消えることはない。それでとりあえずは一安心だけれど、自分の名前が書いてあるお金を、箱の中から手探りで探すのは大変だ。なかなか見つからなければ、老女はしびれを切らして立ち去ってしまうかもしれない。そのため、お金を箱から出して、トレイの上に広げるのである。

こうすれば、立ちどころにすべてのお金を見ることができる。もちろん、大部分は他の人が入れたお金だ。しかし、クワコーの名前がはっきりと書かれたお金もある。油性ペンで名前を書いたお金だ。クワコーの名前が消えかかっているのは、以前に水性ペンで名前を書いたお金だろう。中には完全に名前が消えてしまったお金もあるだろうが、それはもう仕方がない。

とにかく、自分の名前が書かれたお金がいくつも箱に入っている。それを老女に示すことができれば、とりあえずの目的は達したことになる。常習的な野菜泥棒という疑いは晴れるからである。

混入DNAの排除

クワコーは自分が入れたお金も他人が入れたお金もすべてトレイの上に広げて、その中から自分が入れたお金を選び出した。次世代シークエンサーによる解析も似たようなものだ。ネアンデルタール人のDNAも、混入した細菌などのDNAも、すべてひっくるめて手当たり次第に塩基配列を決定してしまう。そして、その中から、ネアンデルタール人のDNAをより分けていくのである。これは、莫大な量の塩基配列を決定できる次世代シークエンサーならではの方法だ。

それでは、どうやってネアンデルタール人のDNAをより分けていけばよいのだろうか。一つの例として、細菌のDNAを除く方法を考えてみよう。

塩基配列の中には、哺乳類より細菌によく見られるものがある。たとえば、ＣＣＣＧＧＧなどだ。哺乳類ではＣＧという塩基配列があった場合、そのＣがメチル化されることがある。メチル化されたＣは、細胞内でＤＮＡが複製されるときに、間違ってＴとして複製されてしまう場合がある。ＤＮＡを複製するときに働くＤＮＡポリメラーゼという酵素が、ＣをＴと読み間違えてしまうのだ。そうすると、ＣＧはＴＧに変わってしまう。こういうことが、何百万年も何千万年も続いた結果、哺乳類のゲノムからＣＧという塩基配列が減っていったと考えられる。

そこで、ＣＣＣＧＧＧという塩基配列を持つＤＮＡ断片を除けば、細菌のＤＮＡ断片は除かれて、ネアンデルタール人のＤＮＡが残ることになる。

もちろん、この方法は完璧（かんぺき）ではない。ネアンデルタール人のＤＮＡ断片の中にも、少しはＣＣＣＧＧＧという塩基配列を持つものはあるだろうし、逆に細菌のＤＮＡ断片の中にもＣＣＣＧＧＧを持たないものがあるだろう。それでも、このような操作をすることによって、分析するＤＮＡ全体の中のネアンデルタール人のＤＮＡの比率を上げることはできる。ある試算では、ネアンデルタール人のＤＮＡの比率が、約4パーセントから約20パーセントに上がったそうである。

この方法の難点は、ＣＣＣＧＧＧという塩基配列を持つネアンデルタール人のＤＮＡ断片が除去されてしまうことだが、これは何とかなる。別の方法でより分けた結果と組み合わせれば、除去された塩基配列を見つけることができるからだ。

マッピング

さて、いろいろな工夫をして混入の大部分を除去し、ほぼネアンデルタール人の塩基配列だけが得られたと仮定しよう。しかし、ネアンデルタール人の塩基配列は100塩基以下に短く切断されたものばかりである。これらを、配列の端の重複する部分を手がかりに繋げていくことは、事実上不可能だ。何しろネアンデルタール人のゲノムの長さは（おそらく私たちと同じくらいなので）約30億塩基もあるのだから。

たとえば、以下のような七つの塩基から成る塩基配列があったとしよう。

CACTCGC

この塩基配列は切断されていて、シークエンサーでは以下のような三つの塩基配列として読めたとする。

CAC　CTC　CGC

この三つの塩基配列を、端の重複する部分を手がかりに繋げていくと、次のようなさまざまな塩基配列に復元されてしまう。つまり、一通りに決まらないのだ。

CTCGCAC　CTCACGC　CACGCTC　…

しかし、切断される前の塩基配列を手本にすれば、以下のように、正しい場所に当て嵌(は)めることができる。この手順をマッピングという。

CAC　CGC
↓　　↓
CACTCGC
　↑
　CTC

このように、手本がないと、断片化された古代DNAをゲノムの形に組み立てることは難しい。しかし、ネアンデルタール人の場合は、ちょうどよい手本がある。それは、私たちヒトのゲノムだ。もちろん、ヒトとネアンデルタール人のゲノムは、完全に同じではない。とはいえ、99パーセント以上は同じなので、少し工夫をすれば、手本として使うことができるのである。

工夫の一つは、どの程度一致すれば手本に当て嵌めるかという基準を、適切に決めることだ。仮に、完全に一致しなければ当て嵌めないことにすれば、ネアンデルタール人特有の、ヒトと異なる塩基配列はすべてはじかれてしまう。そして、結果的に当て嵌まった部分を見れば、その塩基配列はヒトとまったく同じものになる。これでは、ネアンデルタール人の塩基配列を知ることはできない。

一方、基準を甘くして、塩基配列がそれほど似ていなくても当て嵌めることにすれば、間違った塩基配列を当て嵌めてしまう可能性が高くなる。本来は別の場所に当て嵌めるべき塩基配列を当て嵌めてしまったり、ヒトの塩基配列に似ていた細菌の塩基配列を当て嵌めてしまったりするわけだ。すると、結果的に得られた塩基配列は、ネアンデルタール人の塩基配列とは大きく違ったものになるだろう。これはこれで、ネアンデルタール人の塩基配列を知ることはできない。したがって、両者の間でうまくバランスを取ることが重要なのである。

また、別の工夫としては、前述したC→Tという読み間違えの除去が挙げられる。ネアンデルタール人のDNAは、長い年月を経るうちに、切断されて短くなっている。DNAは二本鎖になっているので、切断されるときに、それぞれの鎖は、しばしば異なる長さで千切れるらしい。すると、長い方の端は一本鎖になるので、二本鎖のときよりも化学物質などの影響を受けやすくなる。つまり、脱アミノ化も、DNA断片の端の部分で起きることが多く、したがって、C→Tという読み間違えも、たいていDNA断片の端の部分で起きるのである。そのため、DNA断片の端に注目した場合、ネアンデルタール人がTで、ヒトがCであれば、塩基は一致しているとみなす。ネアンデルタール人のTはCの読み間違えと解釈するからだ。一方、ネアンデルタール人がCでヒトがTの場合などは、不一致とみなすわけだ。これらの工夫によってマッピングの誤りが減り、ネアンデルタール人のより正しい塩基配列に近づくことができるのである。

ネアンデルタール人のゲノムの解読

こうしてペーボたちのグループは、次世代シークエンサーを使って、ネアンデルタール人のゲノムを読み始めた。次に決めなくてはならないのは、次世代シークエンサーで読む量、つまりシークエンスする量を決めることだ。

ネアンデルタール人が生きていたときには、体中のすべての細胞にゲノムが2セットずつあった。1人の体に細胞が40兆個あるとすれば、80兆セットもゲノムがあったわけだ。もちろん、ネアンデルタール人が死んで化石になれば、ゲノムは激減するだろうが、それでも化石の中にはゲノムが何セットも含まれているはずだ。そしてゲノム1セットは、約30億塩基対から成るので、化石の中には莫大な数の塩基が含まれていることになる。

しかも、ネアンデルタール人の化石の中では、それらの塩基は長く繋がってはいない。たいていは100塩基以下の断片になって、バラバラに存在している。

したがって、ちょうどゲノム1セット分、つまり30億塩基をシークエンスしたとしても、ゲノムのすべての部分を明らかにすることはできない。うまい具合に、すべての塩基配列を、重複することなく1回ずつシークエンスするなんて偶然が、起こるはずがないからだ。同じ塩基配列を2回も3回もシークエンスしてしまうこともあるだろうし、1回もシークエンスされない塩基配列だってあるはずだ。統計的に考えれば、もし30億塩基をシークエンスすれば、だいたいゲノムの3分の2ぐらいを読んだことになるだろう。これを1フォウルド・カヴァレジという。

ペーボたちは、とりあえず1フォウルド・カヴァレジを目標にした。それでも、ネアンデルタール人のゲノムのおもな特徴を把握するには十分だろう。読めなかった部分は、将来、別のネアンデルタール人のゲノムが発表されたときに、それと合わせてカヴァレジを上げていけばよいのである。そして、実際にはおよそ40億塩基を読むことができた。2フォウルド・カヴァレジまではいかないが、1フォウルド・カヴァレジは達成したわけである。

しかし、読む量以外にも問題があった。ゲノムにはかなりの数の繰り返し配列が存在する。しかも、その繰り返し配列の中には、数千塩基という長いものもある。ほとんどが100塩基以下の断片になっているネアンデルタール人のDNAの場合、こういう繰り返し配列を正確に決めることは不可能だ。100塩基以下の短い塩基配列では、それが繰り返し配列のどこに当て嵌まるのか、わからないからだ。

そこでペーボたちは、繰り返し部分の塩基配列の決定は、諦めることにした。興味深い遺伝子の多くは、繰り返し配列の中ではなく、単一コピー配列の中にあるので、それでも十分に意義のある結果は出せると考えたからである。

そして、2010年に、ネアンデルタール人のゲノムに関する論文が発表された[51]。次世代シークエンサーを用いた網羅的なゲノム解析という点では、約4000年前にグリーンランドに住んでいたパレオ・エスキモーの毛髪の論文[52]に3ヵ月ほど後れを取ったものの、その内容ははるかに衝撃的なものであった。私たちヒトの祖先はネアンデルタール人と交雑したことがあったというのである。

ヒトとネアンデルタール人の交雑

ネアンデルタール人と私たちヒトは、大昔は同じ種だったが、およそ60万〜50万年前に分岐したと考えられている。その後、両者は別々の進化の道を進み、それぞれの系統で独立に塩基配列の変化が蓄積していった。そのため、ネアンデルタール人とヒトの塩基配列を比べると、共通祖先に由来する同じ部分もあるし、分岐後に変化した異なる部分もある。

もし60万〜50万年前に分岐した後、ネアンデルタール人とヒトの間に交雑が起きていなければ、両者の塩基の違いは、ヒトのどの集団で測定しても平均的には等しくなるはずだ。たとえば、アフリカ人とネアンデルタール人の塩基の違いと、日本人とネアンデルタール人の塩基の違いは、同じくらいになる、ということだ。しかし、両者の間で交雑が起きた場合は、そうはならない。

ネアンデルタール人とヒトの間で交雑が起きるというのは、両種の間で全面的な交配が起きる、という意味ではない。もし、そうなら、ネアンデルタール人とヒトは、もはや別種ではなく同種である。したがって、実際に起きた交雑は、両種の一部の集団の間で部分的な交配が起きた、ということだろう。つまり、ヒトの集団の中に、ネアンデルタール人と交雑した集団と交雑しなかった集団が存在するということだ。そのため、ヒトのさまざまな集団を比べて、交雑した集団と交雑しなかった集団の違いが検出できれば、ネアンデルタール人とヒトの間で交雑があった証拠になる。

そして実際に解析してみると、現代のアフリカ人とアフリカ以外に住んでいる人の間で、ネアンデルタール人と共有する塩基の数が異なっていた。アフリカ人よりアフリカ以外に住んでいる人の方が、ネアンデルタール人と共有する塩基の数が明らかに多かったのである。

そのため、以下のようなシナリオが考えられる。ヒトは、約30万年前にアフリカで誕生した。それからしばらくして、アフリカの外まで分布域を広げることになった。そして、アフリカを出た後で、中東付近でネアンデルタール人と交雑した。その後、ヒトは中東から世界中に広がった、というシナリオである。その結果、アフリカ以外に住んでいる現代人は、日本人も含めて、ネアンデルタール人のDNAを2パーセントぐらいは持っている。一方、アフリカ人は、ネアンデルタール人のDNAを持っていないのである。

このシナリオは、基本的には正しいと考えられているが、多少の例外がある。たとえば、その後の研究によって、現代のアフリカ人にも、ネアンデルタール人のDNAがわずかに受け継がれていることがわかったのだ。

おそらく、アフリカの外でネアンデルタール人と交雑したヒトが、再びアフリカに戻って、アフリカ人と交雑したのであろう。そのため、現代のアフリカ人の中にも、わずかながらネアンデルタール人に由来するDNAを持つ人がいるのだと考えられる。

ネアンデルタール人から受け継いだ遺伝子

ヒトやネアンデルタール人のゲノムDNAは約30億塩基対から成り、その中におよそ2万個の遺伝子が含まれている。ヒトとネアンデルタール人が交雑したことによって、ネアンデルタール人の遺伝子はヒトの集団に取り込まれた。そして、ヒトにとって有益な遺伝子は残り、有益でない遺伝子は除かれていったと考えられる。

たとえば、ヒトの免疫に関する遺伝子の中には、ネアンデルタール人から受け継いだもの(53)がいくつもある。

ヒトがアフリカから出てネアンデルタール人と出会ったとき、すでにネアンデルタール人はアフリカの外で数十万年も暮らしていた。そのため、ネアンデルタール人の遺伝子は、アフリカには存在しないがアフリカの外には存在する病原体に適応していたであろう。そういう遺伝子は、ヒトがアフリカの外で生き延びるために有益だったに違いない。そのため、いったんヒトのDNAに取り込まれると、消えることなく代々受け継がれていったと考えられる。

ところが最近、一見すると、この推測に反する例が報告された。新型コロナウイルス感染症を重症化させてしまう遺伝子を、私たちはネアンデルタール人から受け継いだというのである。[54] しかし、おそらくこの遺伝子も、かつては私たちにとって有益だった可能性が高い。

かつて、新型コロナウイルスとは異なる、ある病原体が流行っていた。その病原体に対する抵抗性を、この遺伝子は高めていたのだろう。そのため、ネアンデルタール人から受け継いだ頃には、この遺伝子も私たちにとって有益だったのだ。しかし、その同じ遺伝子が、たまたま新型コロナウイルスに対しては、有害に作用したのだと考えられる。

進化は将来を見通すことはできない。その時点で有利な方に進んでいくだけである。そのため、かつては有益だった遺伝子が、環境が変わると有害な遺伝子に変化してしまうこともあるのだ。

また、生殖に関する遺伝子についても、興味深い事実が報告されている。ネアンデルタ一ル人の生殖に関する遺伝子は、ヒトの集団から除かれているのだ。生殖に関する能力は、どうやらネアンデルタール人よりも私たちの方が優秀だったらしい。私たちの方がネアンデルタール人よりも子孫を残しやすかった、つまり子の数が多かったのかもしれない。これは、進化において非常に重要なことだ。

進化の主要なメカニズムは自然淘汰である。その自然淘汰によって、生物は環境に適応するように進化するとか、生存能力の高い個体が増えていくとか、そんなふうに言われることが多い。それはそれで間違ってはいないのだが、実際の自然淘汰は、子供を多く残すような個体を増やしていくだけだ。

本当は、環境に適応した個体を増やすのではなくて、環境に適応したおかげで子供を多く残した個体を増やすのだ。本当は、生存能力の高い個体を増やすのではなくて、生存能力が高いおかげで子供を多く残した個体を増やすのだ。したがって、生殖能力の優劣には、自然淘汰が直接かつ強力に作用する。たとえ他の能力が劣っていても、生殖能力が高い方を、自然淘汰は生き残らせるのである。

もしかしたら、ネアンデルタール人ではなく私たちが生き残った理由は、何かの能力が高かったからではないかもしれない。単に、子だくさんだったから、かもしれないのだ。

次世代シークエンス法によるゲノム解析の先駆け

ところで、次世代シークエンサーを使って古代ゲノムを解析したのは、ペーボたちだけではない。時間的には逆になるが、次世代シークエンサーを使った初期の研究を紹介しておこう。

琥珀のところで登場したヘンドリック・ポイナーやペンシルヴァニア州立大学のステファン・シュスターたちのグループが、シベリアの永久凍土から発見されたケナガマンモスのDNAをパイロシークエンス法で解析し、その結果を2006年に発表した(55)。その結果、シークエンスした約2800万塩基のうち、約1300万塩基がケナガマンモスのDNAと同定されたのである。つまり、遺骸の中のDNAの半分近くがマンモスのDNAだったわけで、永久凍土がいかにDNAの保存に適しているかを物語っている。ネアンデルタール人の骨の場合は、全体のDNAの1〜2パーセントがネアンデルタール人のDNAならよい方なのだから。

ただし、この論文で解析した塩基配列は、マンモスのゲノムの0・3パーセントほどに過ぎない。それでも、PCRの時代に比べれば、文字どおり桁違いの進歩である。数百塩基ぐらいの古代DNAを発表していたときに比べれば、データ量は数万倍になったのだから。

この論文は、初めてパイロシークエンス法で古代DNAを解析した研究となったのだが、この事実について、ペーボのグループの中には残念に思った人もいたようだ。やはりペーボのグループも、（ネアンデルタール人の研究とは別に）マンモスやホラアナグマの骨を使って、パイロシークエンス法による古代DNA解析の一番乗りを目指していたからである。[56]

ペーボたちの論文発表が遅くなった理由の一つに、データを丁寧に扱ったことが挙げられる。ゲノムの復元には手本が必要なので、マンモスの手本にはアフリカゾウを使ったのだが、その際に両者のゲノムの比較の仕方について最善の方法を検討したのだ。また、古代DNAは損傷しており、塩基配列にはところどころにエラーがある。そのエラーが結果にどう影響するかについても検討を行ったのである。[57] それらは両方とも、ポイナーたちが行っていないことであった。

もしも、ペーボたちがそこまでデータに検討を加えずに発表すれば、ポイナーたちより早く発表できたのかもしれない。しかし、データを慎重に扱うペーボたちの態度を、私は慕わしく、そして尊く思う。ちなみにペーボたちも同じ年（2006年）に、少し遅れて論文を発表している。[57]

古代ゲノム学の発展

次世代シークエンサーの普及に伴って、古代ゲノムの研究は飛躍的な発展を遂げた。とくに、莫大なデータを処理することによって、混入の問題がほぼ克服されたことが大きい。もちろん混入自体がなくなったわけではないのだが、混入したDNAもデータの一部として扱うので、混入を混入と認識できるようになったのだ。その結果、再現性も保証されるようになった。同じ種の別の化石からでも、同じ塩基配列を得られるようになったのだ。そのため、20世紀には怪しげな学問だった古代DNAの研究が、2005〜10年頃には信頼できる古代ゲノムの研究に生まれ変わることができたのである。

もちろん、過去に起きたことを推測する学問なので、古代ゲノム学といえどもデータの解釈を間違うことはあり得る。しかし、少なくともデータの真偽性については、信頼できるレベルに達したといえる。恐竜とヒトのDNAを間違えるようなことは、もう起こらないだろう。

また、最古のDNAの記録が更新されるにつれて、解析可能な時代も広がりつつある。2021年には、約100万年前のマンモスの古代DNAが報告された[58]。当時はそれが最古の古代DNAだったが、2022年にはそれよりもさらに古い、約200万年前の古代DNAが報告された[59]。グリーンランドの氷河堆積物を解析した結果、さまざまな生物のDNAが発見されたのだ。それにはマストドンのようなゾウやポプラのような植物、そしていろいろな微生物などが含まれていた。

このようにさまざまな生物の古代DNAが解析されているが、もっともよく調べられているのはヒトの古代DNAだ。2010年に初めてヒトの古代ゲノムが報告されてから、データ数は年々増え、2018年以降は毎年1000件を超えるゲノムデータが報告されるようになった。そして2023年現在、ヒトの古代ゲノムのデータは1万件を超えている[60]。

世界中でもっとも多くの古代ゲノムのデータを解読しているのは、アメリカのハーバード大学のデヴィッド・ライク（1974〜）のグループで、すべてのヒト古代ゲノムデータの半分近くは、このグループが解読したものだ。さらに、ドイツのライプツィヒのマックス・プランク進化人類学研究所のスヴァンテ・ペーボのグループ、やはりマックス・プランク進化人類学研究所のヨハネス・クラウゼ（1980〜）のグループ、デンマークのコペンハーゲン大学のエスケ・ヴィラースレウ（1971〜）のグループを加えた合計四つのグループで、およそ80パーセントのデータを叩き出している。一種の寡占状態だ。

もちろん古代ゲノムのデータを解読するには、化石が必要だ。最近はあまりにもヒトの古代DNAの研究が多いので、貴重な化石の消費量も増えており、もう少しデータを抑えて化石の消費量を減らした方がよいのではないかという意見まで出るくらいだ[60]。

こういう状況を見て、ある研究者は、古代DNAという学問分野は消えつつある、と考えている。それは悪い意味ではなく、古代DNAという分野が完成したからだという。次世代シークエンサーによって、データの数が少なく、信頼性が低いという二つの問題が克服された今、古代ゲノム学は集団遺伝学と合体しつつあるというのである。

たしかに古代DNA学が古代ゲノム学になるにつれて、傍流の研究から主流の研究へと発展した面はあるだろう。しかし、その一方で、傍流の研究に留まったままの古代DNAの分野も残っている。それは「種の復活」だ。

第8章　絶滅種の復活

ヒトは野生動物の9倍もいる

地球上には、さまざまな生物がいる。数で測れば、細菌が一番多いだろうが、質量で測った場合、もっとも多いのは植物らしい。人工衛星からのデータやゲノムデータを使った推定によると、地球に生息する生物の総質量のおよそ80パーセントは植物が占めるという[61]。ちなみに、生物体における炭素の質量で見積もった場合、生物の総重量は約550ギガトン（1ギガトンは10億トン）で、そのうち植物は約450ギガトン、細菌は約70ギガトン、動物は約2ギガトンだ。

私たちヒトは0・06ギガトンなので、それほど多くない気もする。しかし、そんなことはない。野生の哺乳類をすべて合わせても0・007ギガトン程度なので、私たちヒトはたった1種で、野生の全哺乳類の9倍近くに達しているのだ。また、家畜は野生の哺乳類より多いだけでなく、ヒトよりもさらに多くなっている。つまり、今、地球上で生きている哺乳類のほとんどはヒトと家畜であって、野生の哺乳類は数パーセントしかいないのである。

これは鳥類でも同じようなもので、たとえば現在飼育されているニワトリの質量は、野生のすべての鳥類を合わせた質量の3倍ぐらいになっている。

地球上で、哺乳類や鳥類が棲める場所は限られている。細菌のように地下深くに棲むことはできないし、植物に頼って生きている以上、あまり植物の生息場所を奪うわけにもいかない。ところが、この1万年ほどのあいだにヒトが急速に増えて、さらにそれを上回る勢いで家畜が増えた。これでは、野生の哺乳類や鳥類（やその他の生物）の生息場所が減るのは当たり前だ。そして、生息場所が減れば、多くの種が絶滅していくのが当たり前だ。10万年前に比べると、野生哺乳類の質量は6分の1に減っていると推定されている。

そういうわけで、大変残念なことだが、現在多くの種が絶滅したり、絶滅の瀬戸際に立たされたりしている。こういう状況のもとで、古代DNAを利用して、この流れに抵抗しようという動きがある。絶滅種を復活させようとしている人々がいるのである。

種の復活は絵空事ではない

考えてみれば、以前から古代DNAのイメージは、絶滅種の復活というアイデアと分かちがたく結びついてきた。そういうSFはたくさんあるし、『ジュラシック・パーク』はその典型といえるだろう。

ところが、その一方で、古代DNAの研究者の多くは、種の復活とは関わりがない。それどころか、そのアイデアに批判的な研究者も多い。批判は大きく分けて二つに分類される。技術的に不可能だ、というものと、倫理的に許されない、というものだ。

しかし、最近の科学の進歩によって、少なくとも前者については、頭ごなしに否定する意見は減りつつあるようだ。

また、後者についても、反論する余地がなくもない。たとえば、地球の温暖化に抗するために絶滅種（具体的にはマンモス）を復活させる、という意見もあるのだ。これは、ロシアの研究者であるジモフ父子（父セルゲイと息子ニキータ）の意見で、もちろんそううまくいくかどうかはわからない。しかし、まったくの絵空事というわけではなく、一聴に値する意見ではある。ジモフ父子については、また後で述べることにしよう。

古代DNAのイメージとしての「絶滅種の復活」は、社会的には主流だが、研究者の間では傍流だ。とはいえ、一定の研究活動が行われていることも事実である。その研究活動の方向は、大きく三つに分けられる。選択的交配とクローン作製と遺伝子編集だ。まずは、選択的交配から見ていくことにしよう。

選択的交配というのは、望ましい形質を持つ生物を選んで交配させることによって、生物を望ましい方向に変化させることだ。生物を進化させるおもなメカニズムである自然淘汰を、人為的に行うことと考えてよい。オオカミからイヌを作ったり、ヤギやウシを家畜化したりしたときに使われた方法で、長い歴史がある。

古代DNAの研究は、1984年に発表されたクアッガの剝製のDNA解析に始まるが、そもそもその目的は、絶滅したクアッガを選択的交配によって復活させることであった。

前述したように、クアッガ復活を目指したのは、南アフリカの博物館の剝製師であるラインホルト・ラウであった。つまり、そもそも古代DNAの研究は、クアッガという絶滅種の復活を目的として始まったわけだ。

そのラウが南アフリカに来る前、まだドイツで暮らしていた子供時代のことだ。ルッツ・ヘック（1892〜1983）とハインツ・ヘック（1894〜1982）という兄弟が、ベルリン動物園とミュンヘンのヘラブルン動物園で、ある実験をしていたことを知ったという。実験というのは、今は家畜になっているウシの祖先種であるオーロックスを復活させることだった。また、ヘック兄弟は、他の絶滅種も選択的交配によって復活させようと考えていた。そのうちの一つがクアッガであり、ラウはそのアイデアに触発されて、クアッガ復活に尽力するようになったのである。

さて、話をヘック兄弟に戻そう。兄のルッツはナチス党員であり、ヒトラーの後継者とされたヘルマン・ゲーリング（１８９３～１９４６）とも、狩猟という共通の趣味があったために親しかった。そして、ルッツは、『ニーベルンゲンの歌』が好きだったらしい。

中世ドイツの英雄叙事詩『ニーベルンゲンの歌』の英雄は、竜殺しのジークフリートである。そのジークフリートが狩った生き物の一つがオーロックスである、とルッツは考えたのだ。

ルッツにしてみれば、ドイツ民族はアーリア人という卓越した人種であり、オーロックスも力強く美しい卓越したウシである。そのため、『ニーベルンゲンの歌』の世界は、ルッツにとっての理想郷だったのではないだろうか。オーロックス復活計画は、ジークフリートの時代の自然、つまり「アーリア的自然」を復活させることを目指していたともいえるだろう。[62]

ちなみに、オーロックス復活の指示を出したのは、他ならぬゲーリングであった。

オーロックスは畜牛の祖先

オーロックスは、かつてはヨーロッパを中心にアジアや北アフリカにも棲んでいたが、中世になる頃には東ヨーロッパにしか残っていなかった。そして、１６２７年に絶滅してしまった。最後の個体はメスで、ポーランドで死んだらしい。このオーロックスは、絶滅が記録された最初の種となった。ちなみに2例目は、１６６２年にインド洋のモーリシャス島で絶滅した飛べない鳥、ドードーだ。

オーロックスは畜牛の祖先だと述べたが、畜牛の祖先というと、タウリンウシやコブウシの名前が思い浮かぶかもしれない。しかし、オーロックスはさらにそれらの祖先で、旧石器時代の洞窟壁画にも描かれている。体が大きく、とくにオスには、肩の高さが1・9メートルに達するものもいたようだ。角も大きく、オスの角は長さが1メートルほどもあった（メスはその半分ぐらいだ）。毛皮の色もオスとメスで異なり、オスは焦げ茶色で、メスはそれより赤っぽかったらしい。

しかし、ヒトに飼われるようになったオーロックスは、家畜化されて、体が小さくなり、性質もおとなしくなった。体が小さくておとなしいオーロックスの方が飼いやすかったため、そういうオーロックスを選択して、長年にわたって交配させ続けた結果であろう。

ということは、オーロックスが家畜化されていく過程を逆行させれば、オーロックスを復活させることができる。ヘック兄弟は、そう考えたようだ。そこで、選択的交配の一つである戻し交雑と呼ばれる方法を繰り返して、オーロックスを作り始めたのである。

戻し交雑

戻し交雑とは、ある系統に、別の系統が持っている形質を一つずつ集めていく方法である。たとえば、ヒゲの短いマウスの系統に、ヒゲが長いという形質を取り込ませる場合を考えよう。まずヒゲが短い個体Aと長い個体Bを交配させ、子供を何匹か産ませる。その子供の中からヒゲが長いものCを選んで、ヒゲが短い方の親Aと交配させるのである。そして、生まれた子供の中から再びヒゲが長いものDを選んで、ヒゲが短い方の親Aと交配させる。これを何度も（たとえば10回ぐらい）繰り返すのである。

子供と親を交配させるのだから、遺伝的にはあまり望ましくはないけれど、この戻し交雑をすれば、ある系統に別の系統が持っている形質を取り込むことができる。

この例では、生まれた子供の中からヒゲの長いもの（C、D、……）を選んで交配させ続けるのだから、その系統のヒゲは確実に長くなる。その一方で、同じ親（A）とも交配させ続けるのだから、ヒゲ以外の形質はどんどん親Aに似てくる。つまり、ヒゲ以外の形質は、元の系統の形質と同じになっていく。その結果、ヒゲの短いマウスの系統に、ヒゲが長いという形質だけを導入して、その他の形質は変化させないことが（少なくとも原理的には）可能になるのである（ただし、実際には、親Aはかならずしも同じ個体ではなく、同じ系統に属する別の個体を使うこともある）。

オーロックス復活

戻し交雑とは、ある系統に、別の系統が持っている形質を集めていく方法である。そこで、ヘック兄弟は、さまざまな品種が持っているオーロックスの形質を、一つの系統に集めていくことにしたのだ。

家畜のウシは、すべてオーロックスの子孫なのだから、オーロックスの遺伝子は、家畜のウシに残っているはずだ。だが、それらの遺伝子は、さまざまなウシの品種にバラバラに散らばっているだろう。そこで、それらを探して集めればよい、とヘック兄弟は考えたのである。

そこで、兄弟2人は、別々にオーロックスに似ていると思われる品種を掛け合わせて、オーロックスを作り始めた。そして1932年になると、ヘック兄弟は、それぞれがオーロックスを作り出すことに成功したと発表した。兄弟が作った二つの系統のオーロックスは、お互いにかなり外見が異なっていたらしい。しかし、不思議なことに、兄弟はそのことを、あまり気にしていなかったようだ。

オーロックスは社会的にも歓迎され、ナチスの宣伝にも利用された。残念なことに、兄ルッツが作った系統は、その後途絶えてしまったが、弟ハインツが作った系統は、今でも数千頭が生きており、動物園や自然保護区で見ることができる。

話は戻るが、第二次世界大戦が終わってしばらく経つと、ヘック兄弟が作ったオーロックス（ヘック牛と呼ばれる）は本当にオーロックスなのか、と疑われ始めた。それも無理はない。肩の高さが1・9メートルにも達したオーロックスに比べると、ヘック牛は肩の高さが約1・4メートルでずっと小さいし、毛色も違うし（ヘック牛のメスの毛色はかなり明るい）、角の形も異なっていた（ヘック牛の角の湾曲部は頭に近すぎるし、先端が外に向き過ぎている）のだから。むしろ、それまで疑いを持たれなかった方が不思議なくらいである。

じつは、驚くべきことに、ヘック兄弟はオーロックスがどういう外見をしていたのか、よく知らなかったらしい。もっとも、当時はオーロックスの科学的な根拠に基づく復元模型などなかったので、別に驚くほどのことではないのかもしれない。ともあれ、ヘック兄弟は、原始的なウシであるオーロックスはかくあるべし、という自分の考えにしたがって、戻し交配を行ったようだ。

たしかに、ヘック牛は、長くて曲がった角があるなど、一見すると原始的なウシに見える。ヘック兄弟にオーロックス復活を指示したゲーリングなどは、ヘック牛を本当にオーロックスだと信じていたらしい。しかし、実際には、ヘック牛はオーロックスの復活種というよりは、ウシの新しい品種といった方が適切だろう。

ヘック牛のやり直し

以上に述べたように、現代の目で見れば、オーロックスの復活種として、ヘック牛ははなはだ不十分である。そこで、現在では、より本物のオーロックスに近い復活種を作り出そうというプロジェクトがいくつか立ち上げられている。もちろん、ナチスとは無関係で、その目標は、オーロックスを自然界に放つことによって、失われたヨーロッパの生態系を取り戻すことである。オーロックスのように大きな動物が草や葉を食べたり、死体がオオカミやハゲワシのエサになったりすることによって、生態系が活性化し、かつての草原や森林などが復活するのだ。また、密生した藪などが減ることによって山火事が減ることも期待されるという。

オーロックスの復活に関連して遺伝子の解析も行われているが、復活へのおもな方法は選択的交配だ。ヨーロッパにはさまざまなウシの品種がいるので、それらからオーロックスを作り出すことは可能かもしれない。それに、世代時間が比較的短いことも、選択的交配に有利な条件である。

メスウシは1〜2歳で交配が可能になる。妊娠期間は約9ヵ月だ。したがって、2〜3年で次の世代を生み出すことができる。これは、(もちろんマウスなどに比べれば遅いけれど)ウシのように体の大きい動物としては、かなりのハイペースだ。そのため、オーロックス復活プロジェクトは、それなりに速く進むことが期待できる。

でも、そううまくはいかない可能性もある。もしかしたら、すでにオーロックスの遺伝子の一部は失われているかもしれない。そうであれば、選択的交配によって、オーロックスを復活させることはできなくなってしまう。

ところが、それは、多くのプロジェクトにとって、たいした問題ではないらしい。生態系の回復にとって重要なのは、復活したオーロックスが正しい形態を持ち、正しい行動をすることであって、遺伝子まで完全に同じである必要はないというのである。つまり、かつてのオーロックスと同じ生態的地位（生物種が利用する環境のこと。食物や生息場所がとくに重要である）を占めることさえできれば、それが新しい品種であっても構わないのだ。

実際、復活したオーロックスの群れは、すでに何ヵ所かで自然界（正確には自然保護区）に放されて、自由に生き始めている。かつてのヨーロッパのような自然が回復するかどうかは、今後の課題であろう。

クローン作製

さて、ここまでで「絶滅種の復活」における方法の一つとして選択的交配について述べ、その例としてクアッガやオーロックスを紹介した。

しかし、選択的交配が使えるケースは限られている。絶滅種と非常に近縁なグループ（クアッガの場合は、亜種の関係にあるサバンナシマウマ）が存在するか、直系の子孫（オーロックスの場合は、家畜のウシ）が生き残っているケースだけだ。その場合は、絶滅種の遺伝子が、それらのグループの中に残っていることが期待されるので、選択的交配によって絶滅種を復活させられる希望が持てる。

ただし、その場合であっても、絶滅種の遺伝子がすべて残っているとは限らない。たとえば、野生状態で生きているときに有益だった遺伝子の中には、家畜状態になれば不要になるものもあるだろう。そういう遺伝子は、家畜になった子孫には残っていないかもしれない。

さらに、この方法では、動物の形態で選別していくために、たとえ見た目は絶滅種に近いものを作れても、遺伝子まで同じである保証はない。しかし、2番目の方法であるクローンの作製を行えば、絶滅種にかなり遺伝的に近いものを作ることができる。つまり、クローン作製は、選択的交配よりも、絶滅した種に近いものを復活させられる方法である。

クローンとは、まったく同じDNAを持つものを指す言葉だ。同じDNAを持つ個体（たとえば一卵性双生児）もクローンだし、同じDNAを持つ細胞もクローンだし、DNA自身についても、同じDNA同士はクローンという。だが、ここでは、「同じDNAを持つ個体」の意味でクローンを使うことにする。

イギリスの発生生物学者であるジョン・ガードン（1933〜）は、アフリカツメガエルの通常の細胞を使って、初めてクローン生物を作ることに成功した。通常の細胞というのは、受精卵や発生初期の胚の細胞ではないという意味だ。受精卵からは完全な個体ができるし、発生初期の胚の細胞の中にも、完全な個体を作り出せる能力を持つものがある。しかし、大人の体の細胞には、もはや完全な個体を作り出す能力がない。たとえば、私たちの指の細胞が分裂を始めて完全な個体になる、なんてことはないのだ。指から子供は生まれないのである。しかし、ガードンは、そういう大人の体細胞から、完全な個体（クローン生物）を作り出したのである。ちなみに、オタマジャクシの腸の細胞を使って、クローン作製に成功したのが１９６２年、[63] 大人のカエルの皮膚の細胞を使って、クローン作製に成功したのが１９７５年であった。[64]

クローン羊ドリー

こうして、両生類のクローンは作れるようになった。その後、いろいろな人が哺乳類でもクローンを作ろうとしたが、なかなかうまくいかなかった。しかし、１９９６年にイギリスの発生生物学者であるイアン・ウィルムット（１９４４〜２０２３）が、ついにヒツジのクローンを作り出すことに成功した。有名なドリーというクローン羊である。[65]

ところで、哺乳類のクローン作製に最初に成功したのがヒツジだったことは、かなり意外であった。マウスの方が体も小さいし世代時間も短いので、もしも哺乳類でクローンが作れるなら、最初はマウスだろうと思われていたからだ。もちろん、世の中には、予想どおりにいかないことはたくさんある。ちなみに、マウスのクローンが作られたのはドリーが作られた翌年、１９９７年のことだった。作ったのは当時ハワイ大学にいた若山照彦（わかやまてるひこ）（１９６７〜）を中心としたグループだった。

さて、ヒツジの話に戻ろう。ウィルムットの方法でヒツジのクローンを作るには、３頭のメスのヒツジが必要である（図表12）。まずは、メスＡから体細胞（具体的には乳腺（にゅうせん）細胞）を取り、メスＢから未受精卵を取る。最終的にできるクローン羊は、体細胞を提供したメスＡ

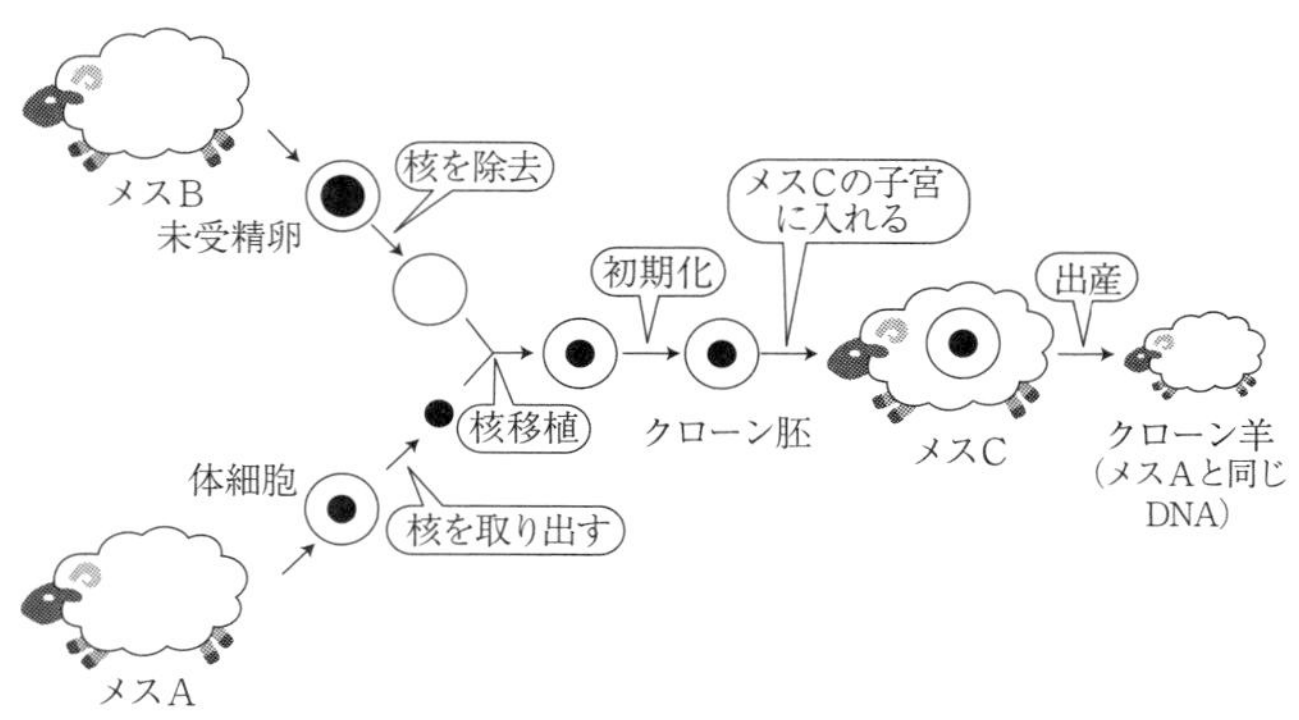

図表12　クローン羊の作製

と同じDNAを持つヒツジとなるので、体細胞クローンという。

次に、メスBの未受精卵から核を除き、メスAの体細胞から取り出した核を、メスBの未受精卵に移植する。どうしてこんなことをするかというと、核と、核の周りの細胞質では条件が異なるからだ。

体細胞の核には完全なDNAが入っている。しかし、未受精卵の核にはDNAが半分しか入っていない（やはりDNAが半分しか入っていない精子と受精することによって、完全なDNAとなる）。そこで、クローン羊を作るためには、核は体細胞の方が適しているわけだ。

その一方で、体細胞はすでに特殊化している細胞である。ヒツジの体はさまざまな組織や器官でできており、それらを作る細胞は数百種類に分化している。いったん分化してしまった細胞は、すでにいろいろと特殊化しているので、なかなか元には戻れない。そこで、クローン羊を作るには、まだ分化していない未受精卵の方が適している。未分化な細胞には、どんな細胞にでも分化できる可能性があるからだ。そういう事情があるため、核は体細胞のものを使い、核の周りの細胞質は未受精卵のものを使うために、核移植をするのである。

この核移植した細胞に、ある処理をして細胞分裂を始めさせる。細胞分裂が始まったら、この細胞を3頭目のメスCの子宮に移植する。そうして順調にいけば、メスAと同じDNAを持ったクローン羊を、メスCが出産することになる。

上記の方法ではメスが3頭必要だが、もっとも重要なのはメスAである。なぜなら、この方法は、メスAと同じDNAを持つクローン羊を作る方法だからだ。メスBとメスCは、いわばそのための手段に過ぎないのである。

絶滅種のクローンを作るというのは、絶滅種と同じDNAを持つクローンを作るということなので、絶滅種にはメスAの役割を担ってもらうことになる。つまり、必要なのは、絶滅種の体細胞だ。メスBやメスCは、かならずしも絶滅種でなくともよい。近縁種がいれば、その近縁種にメスBやメスCの役割を担ってもらうことも可能なのだ（実際にはそう簡単ではないのだが、問題点は後で検討しよう）。

ブカルド

スペインやポルトガルのあるイベリア半島には、有名な山ヤギが棲んでいる。スペインアイベックスである。スペインアイベックスは四つの亜種に分けられるが、そのうちの二つ（ポルトガルアイベックスとピレネーアイベックス）はすでに絶滅しており、生き残っているのはシエラネバダアイベックスとヴィクトリアアイベックスだけである。

これらのスペインアイベックスは、後ろ向きに曲がった大きな角を持っている。不幸なことに、その立派な角は、狩人(かりゅうど)たちのトロフィーとなった。スペインアイベックスはほとんど垂直の崖を登ることができ、谷間を軽々と飛び越えていく。そのため、スペインアイベックスを狩ることは難しく、それがますますトロフィーの価値を高めることになった。そして、18世紀には頭数が減って珍しい存在となったことで、さらにその価値が上がってしまったのである。

そして、1892年にはポルトガルアイベックスが絶滅した。それから間もなくして、最大のグループであるピレネーアイベックス（スペイン名はブカルド）も絶滅したと思われていた。しかし、その後、ブカルドの小さな群れが再発見された。生き残ったブカルドを守るため、その生息地は自然保護区に指定され、ブカルド猟も禁止された。しかし、それでも、ブカルドを絶滅から救うことはできなかった。

スペインの獣医であるアルベルト・フェルナンデス＝アリアスが、ブカルドを救うために人工授精などの研究を始めた1989年には、すでに10頭ぐらいしか残っていなかった。そして、1991年を最後にブカルドのオスが目撃されることはなくなった。もはや野生のブカルドを捕まえて、飼育下で繁殖させることは不可能になってしまったのである。そこでアルベルトは、残ったメスを近縁亜種のシエラネバダアイベックスのオスと交配させることで、ブカルドを救う可能性を模索し始めた。しかし、そうしているうちにもブカルドは絶滅への坂道を転がり落ちていき、ついに最後のメス1頭を残すだけになってしまった。ところが、そのとき、衝撃的なニュースが世界中に流れた。ヒツジの体細胞クローンであるドリーが誕生したのである。

セリア計画

ドリーは大人の体細胞を使ったクローン羊である。大人の体細胞なら、生き残った最後のメスのブカルドからでも取ることができそうだ。そうすれば、そのブカルドと同じDNAを持ったクローンブカルドを誕生させることも夢ではないだろう。

もちろん、クローンブカルドを誕生させるためには、他にも2頭のメスが必要である。でも、それらのメスの役割は、取り出した体細胞のDNAを、1頭のブカルドまで発生させるための、よりよい環境（具体的には細胞質と子宮）を提供することである。それらのメスのDNAが、クローンブカルドのDNAになるわけではない。そのため、それらのメスには、近縁種を使うことも可能である。とにかく体細胞さえブカルドから採ることができれば、ブカルドのクローンを作ることはできそうだ。

ということで、最後の1頭のブカルドを捕らえるために、山中に罠（わな）が仕掛けられた。そして、まだ雪が残る1999年4月20日に、ブカルドが捕らえられた。アルベルトは麻酔薬でブカルドを眠らせて、耳と横腹から皮膚のサンプルを取った。しばらくするとブカルドは目覚め、再び山中へと放された。

翌日、そのブカルドは「セリア」と命名された。それは、アルベルトが、何人かの記者にインタビューされていたときのことだった。捕らえたブカルドの名前を聞かれて、とっさに一緒にいたガールフレンドの名前を答えたらしい。すると、翌日の新聞では「セリア計画、成功！」と報道されたのである。(66)

セリアはその後、10ヵ月ほど生きていた。しかし、2000年1月に、倒れた木の下敷きになって死んでしまった。13歳のセリアは、ブカルドとしては老齢だったので、よけることができなかったのかもしれない。そして、ブカルドは絶滅した。

ブカルドのクローン誕生

ブカルドは絶滅してしまったが、冷凍した体細胞は残っている。そこで、アルベルトは、ブカルドのクローンの作製にとりかかった。(67)

まず、冷凍保存されていたブカルドの体細胞から細胞核を取り出した。それから、あらかじめ核を取り除いておいた、ヤギの未授精卵に、ブカルドの細胞核を移植した。こうして作られた胚を、代理母となるヤギの子宮に入れて成長させ、そして出産させたのである。

　このようなクローン作製でいつも問題になるのは、成功率の低さだ。[68]クローン羊のドリーは、277個の未受精卵に核移植が行われた中で、唯一の成功例だった。今回のブカルドの場合も、782個の未受精卵に核移植が行われたが、最終的に出産まで漕ぎ着けたのは1頭だけだった。その1頭の出産に際して、代理母のヤギの帝王切開が行われた。2003年の7月のことである。そして、短い毛がびっしりと生えた、体長約50センチメートルのブカルドのメスの赤ちゃんが生まれた。赤ちゃんを取り上げたのはアルベルトであった。それは、3年前に死んだセリアのクローンであり、絶滅種が蘇った瞬間だった。しかし、赤ちゃんは息をしていなかった。

　人間もヤギも、子宮の中にいるときは、羊水の中で暮らしている。つまり、水中にいるわけで、空気呼吸はしていないし、肺も使っていない。しかし、生まれると空気呼吸をしなくてはいけないので、たとえば人間の赤ちゃんは、肺を膨らますために、生まれてすぐに泣くことが多いのだ（ただし、泣かない場合もある。その場合でも、肺はゆっくりと膨らんでいく）。

　しかし、セリアのクローンは、いつまで経っても息をしなかった。そして、10分ほどで死んでしまった。絶滅種の復活は10分で終了し、ブカルドは2回目の絶滅をしてしまったのである。

　ブカルドの赤ちゃんを解剖してみると、肺が二つではなく三つあったことがわかった。三つ目の肺は硬くなっていて、その肺が場所を塞いでいるために、残りの肺に空気が入らなかったらしい。肺の異常が、クローン作製と関係があったのかどうかは、わかっていない。

クローン作製の問題点

クローン作製は、選択的交配よりも、絶滅した種に近いものを復活させられる方法だと前述した。しかし、ヒツジのドリーやブカルドの復活で使われた体細胞クローン技術では、完全に同じ生物を作り出せるわけではない。その理由は、おもに二つある。

一つは、生物を作るときの情報が、すべて遺伝子に書かれているわけではないからだ。たとえば、哺乳類の場合、胚は子宮の中で成長して胎児になるが、このときの子宮の役割は決定的に重要である。たとえ胚の遺伝子は同じでも、異なる種の子宮の中で成長すれば、生まれてくる生物は異なるものになるといっても過言ではない。異なる種の子宮では、ホルモンなどの条件が異なるからだ。

しかし、絶滅種の場合、当たり前だが絶滅種の子宮を使うことはできない。そこで、近縁種の子宮を使うことになる。けれども近縁種とはいえ、絶滅種とまったく同じ子宮を持っているわけではないので、生まれてくる生物も少しは違うものになってしまう。

たとえば、ブカルドの場合は、ヤギの子宮を使うと胚が正常に育たないらしい。そこで、ブカルドの亜種であるアイベックスとヤギの交雑種を作って、その子宮を使ったのである。

交雑種の子宮は、ヤギの子宮よりはブカルドの子宮に近いので、ブカルドの胚は育つことができる。それでも、ブカルドの子宮とまったく同じではないので、生まれたブカルドの赤ちゃんは、本当のブカルドの赤ちゃんとは、どこか少しは違っていただろう。かわいそうなことに、それをきちんと検討する前に死んでしまったけれど。

体細胞クローン技術では同じ生物を作り出せない理由の二つ目は、元の動物とクローン動物の間でミトコンドリアDNAが異なるからだ。

体細胞クローン技術では、体細胞の核を未受精卵に移植する。そのため、移植後の細胞の核は体細胞に由来するが、核の周囲の細胞質は未受精卵に由来することになる。

ミトコンドリアは、この細胞質の中に存在する。1000個以上のミトコンドリアが細胞質の中に散らばって存在しているのである。したがって、ミトコンドリアも、未授精卵に由来する。

さて、前述したように、動物のDNAは、細胞の中の2ヵ所に存在する。核とミトコンドリアだ。そのため、核移植したクローン胚では、核DNAは体細胞に由来し、ミトコンドリアDNAは未受精卵に由来することになる。つまり、完全なクローンではないわけだ。ブカルドのクローン胚でいえば、核DNAはブカルドに由来するけれど、ミトコンドリアDNAはアイベックスとヤギの交雑種に由来するのである。

もちろん核DNAに比べれば、ミトコンドリアDNAの情報量は少ない。塩基配列の長さで比べれば、ミトコンドリアDNAは核DNAの20万分の1しかない。それでも、ゼロではないのだから、ミトコンドリアDNAが違えば、何らかの影響は出ると考えた方がよいだろう。とくに、核DNAとミトコンドリアDNAが組み合わされることで発現(はつげん)している形質があれば、重要な違いに繋がるかもしれない。

たとえば、酸素を使う呼吸に必要なタンパク質には、ミトコンドリアDNAによって作られるものも、核DNAによって作られるものもある。もしも、両者がうまく協力して働くことができなければ、呼吸に障害が出る可能性がある。

実際、キイロショウジョウバエの核DNAと、オナジショウジョウバエ（キイロショウジョウバエの近縁種）のミトコンドリアDNAを持つハエは、体が小さく、生殖力が弱く、疲労しやすいことが報告されている。これは、呼吸がうまくできないために、エネルギー生成量が少ないためと解釈できる。

アイベックスの他の亜種が棲みつく

絶滅種を復活させようとしている多くの人たちの目的は、生態系の回復である。絶滅種を自然界に放つことによって、失われた生態系を取り戻そうというわけだ。別に、珍しい生物を作って見世物にしようとしているわけではないのである。ブカルドを10分間復活させたアルベルトも、その一人だ。寒さの厳しいピレネー山脈で生きていけるのはブカルドだけなので、ブカルドを復活させて人間が攪乱（かくらん）した生態系を元に戻そうというのである。ブカルドでなければ生態系の復活は不可能だという根拠の一つは、アイベックスの別の亜種を放つという、かつての試みが失敗したからだ。やはりブカルド以外のアイベックスでは、寒さの厳しいピレネー山脈で生きていくことはできない、と考えられたのである。

ところが、２０１４年から翌15年にかけて、意外な出来事が起きた。別のアイベックスの亜種が、ピレネー山脈のフランス側から逃げ出して、ピレネー山脈に棲みついてしまったのだ。

人間が苦労してアイベックスを放ってもうまくいかなかったのに、人間が頑張ってクローンを作ろうとしてもうまくいかなかったのに、勝手に逃げたアイベックスがあっさりピレネー山脈の寒さに適応してしまったのである。

生態系の回復にとって重要なのは、復活した動物が正しい形態を持ち、正しい行動をすることであって、遺伝子まで完全に同じである必要はない。したがって、逃げ出したアイベックスでも、その役割は果たせるかもしれない。でも、もしそうだとすれば、今までのアルベルトたちの努力は何だったのだろうか。何だか脱力してしまうような話である。

イブクロコモリガエル

オーストラリアの熱帯雨林の渓流には、カモノハシガエルという変わったカエルがいた。

このカエルのメスは、自分が産んだ卵を食べてしまうのだ。

食べてしまうといっても、卵を消化して自らの栄養にするわけではない。胃に入った卵は、消化されることなく、そこで発生を始める。そして、孵化してオタマジャクシになり、変態してカエルになる。ここまで数週間ほどかかるが、この間、子供はずっと母親の胃の中にいる。それから母親は、子供を口から吐き出して、外の世界へと旅立たせるのである。この間、母親は何も食べないらしい。このように、カモノハシガエルは、ある臓器（胃）を別の臓器（子宮）に変化させられる非常にユニークな種であり、イブクロコモリガエルとも呼ばれている。

なぜ子供が胃の中で消化されないのか不思議だが、どうやら子供がいるあいだは胃酸の分泌が止まるようだ。

カモノハシガエルは1973年に、その近縁種であるキタカモノハシガエルは1984年に発見されたが、いずれも1980年代半ばには絶滅したと考えられている。ダムの建設や森林伐採などの生息環境の悪化に加えて、両生類特有の感染症であるカエルツボカビ症が流行したためらしい。

カエルツボカビはカエルの皮膚に生えて、その皮膚を硬くて厚いものにしてしまう。すると、皮膚から水や酸素を取り込むことができなくなって、カエルは死んでしまうのだ。

この絶滅したユニークなカエルを復活させよう、という計画がある。この計画はラザロ・

プロジェクトと名づけられ、オーストラリアにあるニューサウスウェールズ大学の古生物学者、マイク・アーチャーがリーダーだ。ちなみにラザロというのは、イエス・キリストが生き返らせたとされるユダヤ人の男性の名前である。

イエスは病気になったラザロを治してほしいと頼まれて、エルサレムの近くのベタニアまでやってきた。しかし、着いたときには、すでにラザロは亡くなっており、埋葬されてから4日が過ぎていた。ところが、イエスが、「私を信じる者はたとえ死んでも生きる」と言って、ラザロに呼びかけると、奇跡が起こった。布に包まれた男が、墓の中から生き返って現れた、というのである。

さて、アーチャーが使った手法は、ドリーやブカルドと同じく、体細胞クローン技術だ。じつは、まだカモノハシガエルが生きていた時代に、その細胞は採取されて、冷凍保存されていた。アーチャーは、その40年ものあいだ冷凍されていた細胞から核を取り出した。そして、やはりオーストラリアに生息するチャイロシマアシガエルの未受精卵に移植したのである。この核移植はうまくいって、未受精卵の中でＤＮＡが複製され始めた。２０１３年のことであった。しかし、残念なことに、３日後にはすべての胚が死んでしまった。

何をもって成功とするかは、議論のあるところだ。しかし、カモノハシガエルの場合、少なくとも胚の段階では生きていた。したがって、一瞬とはいえクローン生物を作り出したことに間違いはない。そういう意味ではブカルドに次いで、絶滅種をクローン技術で復活させた二つ目の例ということになっている。

とはいえ、カモノハシガエルの復活の目標は、自然に放って生き延びさせることだろう。そういう意味では、今回の実験はもちろん失敗だ。しかし、もしもうまくいったとしても、それがカモノハシガエルにとってよいことなのだろうか。

現在、カエルツボカビ症は世界中に広がっており、至るところで両生類を死滅させている。世界中のカエルの種の3分の1が絶滅に瀕（ひん）しているという見積もりさえある。こういう状況のままで、カモノハシガエルを復活させても、すぐにまた絶滅してしまうのではないだろうか。

また、カモノハシガエルの絶滅には、企業などによる生息環境の悪化も関係している。しかし、カモノハシガエルが復活したことによって、活動を自粛する企業がどれくらいあるだろうか。あるいは、活動を禁止する法律が成立したりするのだろうか。たいてい誰かが損害を被らなければならないのが、生態系の回復の難しいところである。

絶滅危惧種のクローン

ブカルドやカモノハシガエルのクローンは、絶滅した種を復活させようという試みだった。しかし、可能であれば、絶滅してからではなく、絶滅する前に手を打った方がよいのは当然である。そして、実際に、絶滅危惧種（きぐしゅ）に対するクローン作製も行われている。絶滅危惧種の最初のクローンが生まれたのは、ブカルドのクローンより2年早い2001年のことであった。

アジア周辺に分布するガウルは、現生種でもっとも大きいウシの一つとして知られている。肩のところが高く隆起した独特の形をしており、オスでは肩高が1・9メートルにもなる。体重も1トンほどになり、ほとんど小柄なサイに匹敵する大きさである（オーロックスと同じくらいだ）。そのため、成体のガウルは、ヒョウはもちろん、トラに襲われることも少ないらしい。もちろん、トラに襲われるケースもないわけではないのだが、反対にトラがガウルに殺されたケースも複数例報告されている(69)。しかし、近年では、生息地の減少や狩猟、および家畜からの感染症などのために生息数が減少しており、絶滅危惧種に指定されている。そのため、ガウルのクローンの作製が試みられた。

8年前に動物園で死んだガウルの皮膚細胞が冷凍保存されていたので、それから核を抽出して、乳牛の未受精卵に移植したのである。こうして44個の胚を作って、それらを乳牛の子宮に移植したところ、その中の一つが出産に至ったのだ。このクローンガウルは「ノア」と名づけられ、無事に生まれたのだが、残念なことに2日以内に赤痢（せきり）で死んでしまった。もし死ななければ、サンディエゴ動物園に移されて、生きた姿が展示される世界初のクローン生物となる予定であった。

絶滅危惧種のクローンの2例目は、ジャワヤギュウとも呼ばれるバンテンというウシで、東南アジア周辺に生息している。ガウルほどではないが、かなり大きなウシで、1トン近くになるものもいる。しかし、バンテンもガウルと同じく、生息地の減少や狩猟や感染症のために生息数が減少しており、絶滅危惧種に指定されている。そのため、体細胞クローンが作製されたのだ。

未受精卵や代理母には家畜のウシを使った、バンテンの体細胞クローンは、2003年に誕生した。このバンテンは成体になるまで成長して、サンディエゴ動物園で7年間生きたという。

また、リビアヤマネコの体細胞クローンが作製されたことが、2004年に報告されている[70]。アフリカやアラビア半島などに棲むリビアヤマネコは、世界中でペットにされているイエネコの祖先と考えられている。国際自然保護連合（IUCN）の評価では低危険種だが、個体数は減少している。このリビアヤマネコでは、体細胞クローンの作製にあたって、未受精卵や代理母にはイエネコが使われた。クローンは順調に成長し、繁殖にも成功している。

2005年には、同じく低危険種と認定されているハイイロオオカミの体細胞クローンが誕生した。使われたのは耳の細胞で、未受精卵や代理母にはイヌが使われている。

マンモスのクローン

絶滅危惧種のクローンを作るためには、生きている状態の細胞（実際には、生きている状態で採取して、すぐに凍結保存した細胞）を使うことができるので、多くの成功例がある。

ブカルドやカモノハシガエルのクローンは絶滅してしまった種を復活させる試みだったが、クローンを作るために使った細胞は、まだブカルドやカモノハシガエルが生きているときに採取して、凍結保存しておいたものであった。したがって、現生種のクローンを作る場合と、技術的にはほとんど変わらない。しかし、マンモスのクローンを作るとなると、そうはいかない。マンモスは約３７００年も前に絶滅しているので、生きているうちに細胞を採取して冷凍保存しておくことはできないからだ（以下、この章におけるマンモスは、すべてケナガマンモスを指す）。

体細胞クローンを作るためには、核の中のＤＮＡが無傷のまま残っていなくてはいけない。そのためには、細胞全体が無傷のまま残っている必要がある。細胞が壊れれば、ただちにＤＮＡの分解が始まるからだ。

しかし、死んだ生物の細胞が、無傷のままで残ることはほとんどない。ましてや、死後何千年も何万年も経っていれば、なおさらだ。ふつうに考えれば、マンモスのクローンを作ることは不可能なのである。

それでも、人はつい夢を見てしまう。なぜなら、マンモスは特別だからだ。何が特別なのかというと、それは保存状態だ。マンモスは永久凍土から発見されることがあるので、もしかしたら冷凍保存された無傷の細胞が見つかるかもしれない。そんな期待をしてしまうわけだ。

しかし、残念ながら、現実的にはそういうことは難しそうだ。たとえば、シベリアから見つかった極めて保存状態のよい4万3000年前のマンモスでは、肉にナイフを突き刺すと、茶灰色の液体が流れ落ちたという。しかし、その液体を分析すると、中に含まれていたヘモグロビンが流れ出して、周囲の体液と混ざっており、血液細胞はすべて壊れていたのである。

じつは、永久凍土は、細胞の保存にとって、それほど理想的な環境ではない。それを検討するために、食肉工場と比較してみよう。食肉工場では、肉類をラップできっちりと巻いて空気に触れない状態で、マイナス20度以下で保存しているので、1年間は安定らしい。しかし、家庭用冷蔵庫に付いている冷凍庫は、温度はマイナス10〜18度ぐらいだし、空気にも触れるので、肉類はせいぜい1ヵ月ぐらいしかもたないようだ。

一方、シベリアのヤクーツクでは、冬はマイナス40度や50度になることも珍しくはない。とはいえ、夏はそれなりに暑くなるので、年間で平均すると、気温はマイナス10度ぐらいらしい。さらに地温は気温よりも高く、地中でも比較的浅いところではだいたいマイナス1度からマイナス5度ぐらいである。

一般に、永久凍土の地温は、深さ1メートルではマイナス数度からマイナス10度ぐらいと言われている。これは、家庭用冷凍庫よりも高い温度であり、細胞の保存に関して決して理想的な条件ではない。もしも、10メートル以上の深さで永久凍土に埋まっていれば、たしかに地温はかなり低くて、マンモスの保存状態もよいかもしれない。でも、そんなに深いところのマンモスは発掘することができないのだ。

永久凍土に埋まっているマンモスの中には、浅いところに埋まっているものと、深いところに埋まっているものがある。そして、川沿いの斜面の崩落などで現れるのは、浅いところに埋まっているマンモスが多い。深いところに埋まっているマンモスは、ちょっとやそっとでは姿を現すことはないからだ。

しかし、浅いところに埋まっていたマンモスは、家庭用冷凍庫より悪い条件の中で、何十年も何百年も経過しているかもしれない。その場合、たとえ見た目の保存状態はよくても、細胞が無傷でいることはあり得ない。マイナス数度であれば、マンモスの軟組織は確実に崩壊していくからだ。

また、深いところに埋まっているマンモスであっても、完全に土中細菌から守られているわけではない。寒冷地に適応した土中細菌が、永久凍土の中にはたくさん生息しているからだ。そういう細菌の活動はそれほど活発ではないかもしれないが、数千年も数万年もそういう活動に晒されれば、マンモスの遺骸も無傷ではいられないだろう。

もっとも、永久凍土の下にはまだ1億頭以上のマンモスが埋まっているという推定もある。そうであれば、その中には奇跡的に保存状態がよくて、無傷の細胞が保存されているマンモスもいるかもしれない。まだ、かすかな希望は残っているということだろうか。しかし、現在までのところ、マンモスから無傷の細胞は発見されていないので、体細胞クローンは作れないのである。

第9章　再びマンモスや恐竜という夢へ

マンモスの遺伝子編集

前章で、クローン技術によるマンモス復活には展望がないことを述べた。しかし、マンモスを復活させる方法は、クローン技術だけではない。遺伝子編集によってマンモスを復活させようとしている計画も存在する。

遺伝子編集による絶滅種の復活とは、「絶滅種を特徴づけていた遺伝子を、近縁種のゲノムの中に移して、絶滅種に似た生物を作り出すこと」である。つまり、この方法では、実際の絶滅種とまったく同じ生物を作り出すことを目指してはいない。マンモスのような見た目で、マンモスのような行動をするなら、それはマンモスとみなしてよいということだ。もしも、マンモス復活の目的が生態系の復活であれば、こういう考えでよいということになる。

生物は、生態系の中で、単独で生きているわけではない。網の目のように張り巡らされた他種との関係の中で生きている。花粉媒介者とか捕食者とか、さまざまな役割を果たしながら、生きているのである。ところが、ある種が絶滅すると、その種が担っていた生態系における役割も消えてしまう。すると、生態系の中に埋められない隙間(すきま)が生じて、その影響が他の種にも次々と及んでいく。

もちろん、どの種が絶滅しても生態系に影響はするのだが、中には重大な影響を及ぼす種もある。こういう、生態系の中で他の種には替えがたい重大な役割を果たしている種のことを、キーストーン種と呼ぶ。キーストーン種が絶滅すると、生態系全体に甚大な影響が出るので、キーストーン種を復活させて、生態系を回復させることを目指す人々がいるわけだ。

アメリカのハーバード大学の遺伝学者であるジョージ・チャーチ（1954〜）もその一人で、マンモスを遺伝子編集技術によって復活させることを目指している。チャーチが本当に復活させたいのは、マンモスそのものではなく、生態系の中におけるマンモスの役割である。そのため、アジアゾウの遺伝子を改変して、マンモスのようなゾウを作ることを目指しているのである。

マンモスの特徴

遺伝子編集によるマンモス復活の手順を、簡単に述べておこう。最初にやらなければならないことは、マンモスの特徴の中から重要なものを選択することだ。マンモスのどの特徴をアジアゾウに組み込めば、アジアゾウがマンモスのようなゾウになるか（正確にはマンモスのような役割を果たせるか）を正しく把握しなければいけないからだ。

マンモスの特徴はいろいろあるけれど、その中でも四つがとくに重要だとチャーチは考えている。一つ目は、密生した体毛だ。

チャーチが復活を目指しているのは、マンモスの中の代表種であるケナガマンモスだ。シベリアやアラスカやカナダ北部に棲んでいたケナガマンモスは、寒冷な気候への適応として、長くて密生した体毛を持っていた。このような体毛がない状態でアジアゾウをシベリアに放しても、生きていくことはできないだろう。

二つ目は、厚い皮下脂肪である。これも寒冷な気候への適応で、外の寒さから体を守る断熱材となっている。また、エサが少ないときのエネルギー源にもなっていたとも考えられる。

三つ目は、小さくて丸い耳だ。私たちも寒いところに長時間いると、凍傷になることがある。凍傷になりやすい部分は、体から突き出して細くなっているところだ。具体的には、指や耳だ。そういうところは、体積の割に表面積が大きいので冷えやすい。マンモスの場合、指は細長くないけれど、耳は頭から突き出しているので冷えやすい。そこで、なるべく突き出さないように、小さく丸くなっているのだ。ちなみに、マンモスでは、尾も短くなっている。

四つ目は、寒いところでも機能するヘモグロビンだ。赤血球に含まれるタンパク質であるヘモグロビンは、酸素を全身に運んでいる。具体的には、肺で酸素と結合して、体の各部の組織で酸素を放出する。しかし、ヘモグロビンは、温度が低くなると酸素を放出することができなくなる。ところが、マンモスのヘモグロビンは低温でも酸素を放出しやすくなっていることがわかったのである[71]。これは寒冷地で生きるために、非常に重要な特徴だ。

なぜ低温でも酸素を放出することがわかったかというと、それはマンモスのヘモグロビン遺伝子の塩基配列から推測したのである。話が前後してしまうが、マンモスのゲノムからヘモグロビンの遺伝子を特定したわけだ。

マンモスのゲノム

遺伝子編集によるマンモス復活の第1段階は、マンモスの特徴の中から重要なものを選択することだった。第2段階は、マンモスのゲノムを手に入れることだ。じつは、これについては問題ない。マンモスのゲノムは、すでに（ほぼ）解読されているからだ[58]。

さきほどは、永久凍土といえども、細胞やその中の核を無傷で保存しておくことは難しいと述べた。その理由の一つは、細胞やその中の核は、非常に複雑な構造をしているからだ。

核の中では、DNAがヒストンというタンパク質に巻きついている。DNAに巻きつかれたヒストンは、8個が集まってヌクレオソームという構造を作っている。核の中には数千万個のヌクレオソームがあり、それらがさらに複雑な構造へと折り畳まれて、数十本の染色体にまとめられている（アフリカゾウもアジアゾウも56本なので、マンモスも56本の可能性がある。ちなみにヒトは46本だ）。これらの構造を無傷のままで残しておくのは至難の業だろう。

しかし、ゲノムを解読するだけなら、これらの構造が壊れていても構わない。DNAが多くの断片に切断されていても構わない。古代DNAのところで述べたように、そもそも古代DNAはバラバラに切断されていることがふつうなのだ。

古代DNAの復元という目で見れば、永久凍土というのはすばらしい環境だ。これまでの古代DNAの研究でよく使われている洞窟で見つかった骨などに比べても、永久凍土の中のマンモスの方がよい状態だろう。永久凍土による保存は、無傷の細胞や核を手に入れるためには不十分でも、古代DNAやゲノム情報を得るためには十分なのである。ちなみに、マンモスのゲノムは、ヒトのゲノムより約10億塩基対多くて、約40億塩基対であった。

マンモスの遺伝子

遺伝子編集によるマンモス復活の第3段階は、マンモスの特徴を作り出す遺伝子を特定することだ。第1段階で選んだマンモスの特徴は、遺伝子によって作り出されていると考えてよいので、その遺伝子を、第2段階で手に入れたマンモスのゲノムの中から探し出すのである。これは、大変難しいことのように思えるが、じつはそうでもない。なぜなら、すでにヒトのゲノムにおいて、膨大な研究が行われているからだ。

たとえば、ヒトのヘモグロビンの遺伝子がわかっていれば、その塩基配列と似ている塩基配列を、マンモスのゲノムの中から探し出せばよい。もちろんヒトとマンモスでは、ヘモグロビン遺伝子の塩基配列が少しは違う。とはいえ、ヒトのヘモグロビン遺伝子の塩基配列を基に、マンモスのヘモグロビン遺伝子の塩基配列を見つけられる程度には、十分似ているのである。

そのため、マンモスのゲノムのデータがあれば、マンモスの特徴を作り出す遺伝子をコンピューターを使って特定することが可能なのだ。

ゾウに組み込む

遺伝子編集によるマンモス復活の第4段階は、マンモスの遺伝子をアジアゾウのゲノムに組み込むことだ。具体的には、第3段階で特定した、マンモスの特徴を作り出すDNAを合成して、アジアゾウの細胞に組み込むのである。そのためには、クリスパー・キャス9(ナイン)という方法を使う。

地球には生物がたくさんいるが、その中でもっとも数が多いのは細菌だ。しかし、細菌よりもっと多いものがいる。それはウイルスだ。ウイルスは生物に含めないことが多いけれど、細菌より小さくて、細菌より数が多いのだ。

ウイルスの中には、細菌に感染するものがたくさんいる。ウイルスは細菌にとって、非常に危険な存在なのだ。そのため、細菌はウイルスに対して防御システムを進化させた。その一つがクリスパー・キャスというシステムである。

細菌はウイルスに感染すると、ウイルスのDNAの一部を自分のDNAに取り込む。細菌のDNAの中で、ウイルスのDNAを取り込む領域をクリスパーという。

それからしばらくして、再びウイルスが細菌に感染すると、細菌は侵入してきたウイルスのDNAと、クリスパーに取り込んであるDNAを照らし合わせる。そして、もし両者が一致すれば、侵入してきたウイルスのDNAを直ちに切断する。切断するのは、鋏（はさみ）の役割をするタンパク質で、キャスと呼ばれている。

このクリスパー・キャスというシステムがあるため、同じ種類のウイルスに再び感染しても、細菌が死ぬことはほとんどない。つまり、クリスパー・キャスは、細菌の免疫システムなのだ。

ところで、キャスというタンパク質には、いくつかの種類がある。その中の一つであるキャス9を使って、人間が実験しやすいようにクリスパー・キャスに改良を加えた遺伝子編集技術を、クリスパー・キャス9という。ちなみに、アメリカの化学者、ジェニファー・ダウドナ（1964〜）とフランス出身の生物学者、エマニュエル・シャルパンティエ（1968〜）は、クリスパー・キャス9を開発したことにより、2020年のノーベル化学賞を受賞している。

このクリスパー・キャス9を使って、マンモスの遺伝子をアジアゾウのゲノムに組み込むわけだ。しかし、だからといって、マンモスの遺伝子を、わざわざマンモスの遺骸から取り出す必要はない。

遺伝子はDNAに塩基配列の形で書き込まれているが、マンモスのDNAは切断されて、たいてい100塩基以下の短い断片になっている。したがって、ある遺伝子が書き込まれている部分のDNAを、そのまま完全な形で取り出すことは不可能だ。しかし、DNAが短い断片になっていても、それぞれの塩基配列がわかっていれば、その塩基配列をコンピューター上で繋げることはできる。実際のDNAは切断されていても、塩基配列という情報レベルで繋がっていれば、それで十分なのだ。塩基配列さえわかっていれば、実験室でDNAを合成して、マンモスの遺伝子を作ることができるからだ。それを、アジアゾウのゲノムに組み込めばよいのである。

iPS細胞

ところで、ゲノム（つまりDNA）は細胞の核の中にある。したがって、「アジアゾウのゲノムに組み込む」というのは「アジアゾウの細胞の中に組み込む」ということでもある。この「細胞」は、どんな細胞でもよいわけではない。すでに分化してしまった細胞では、実験はできない。これからいろいろな細胞に分化できる、未分化の細胞でなければいけないのだ。

クローン羊ドリーのところでも述べたが、私たちやヒツジやマンモスの体はさまざまな組織や器官でできており、それらを作っているのは数百種類に分化した細胞である。しかし、すでに分化してしまった細胞は、通常、それ以上変化することもできないし、未分化の状態に戻ることもできない。そのため、アジアゾウの分化した細胞にマンモスの遺伝子を組み込んでも、マンモスの特徴を現すことは期待できない。分化した細胞は、それ以上変化しないからだ。

そこで、マンモスの遺伝子を組み込むのは、アジアゾウの、まだ分化していない細胞でなければならない。しかし、アジアゾウの成体の細胞は、ほとんどが分化した細胞である。そのため、実験を行うにあたっては、分化した細胞を人工的に未分化の細胞に変化させる必要がある。具体的には、アジアゾウのiPS細胞を作らなければならないということだ。

iPS細胞は、2006年に山中伸弥（1962〜）と高橋和利（1977〜）によって作られた未分化の人工多能性幹細胞だ（多能性とは、すべての種類の細胞になれること）。2人は、すでに分化した体細胞にわずか四つの遺伝子を導入することによって、未分化の状態に戻すことに成功したのである。このiPS細胞を作製したことにより、山中は2012年のノーベル生理学・医学賞を受賞している。

実際にチャーチの研究室では、すでにこの実験が開始され、マンモスの遺伝子をアジアゾウのゲノムに組み込むことに成功している。次にやるべきことは、マンモスの遺伝子を組み込んだ細胞からiPS細胞を作り、細胞レベルでマンモスの特徴を発現させることだ。iPS細胞ならどんな細胞にもなれるので、もしマンモスの毛の遺伝子が組み込んであれば、その細胞はマンモス特有の長い毛を作り出すはずだ。

それがうまくいったら、いよいよマンモス（というかマンモスの特徴を持つアジアゾウ）を発生させることになる。しかし、ここで問題が起きる。マンモスの赤ちゃんを産むためには、代理母としてアジアゾウのメスの子宮を借りる必要があるからだ。

これは1回で成功するような実験ではない。おそらく何度も失敗を繰り返し、何度も再実験を行うことになるだろう。そうなれば、失敗するたびに、子宮を使わせてもらったアジアゾウのメスに負担をかけることになる。命を落とす危険もゼロではないし、そこまでいかなくとも、代理母になっているあいだは、自分の子供を産むことができない。産子数が少なく、絶滅危惧種に指定されているアジアゾウの多くのメスに、そんな代理母の役割を押しつけるのは許されることではないだろう。

そのため、チャーチは、人工子宮を作製して、その中でマンモスを発生させる計画を立てている。羊水に似た液体で満たしたタンクに胎児を入れて、人工のチューブで血液や栄養を送るというのである。これならアジアゾウに負担をかけることはないけれど、でも人工子宮なんて可能なのだろうか。チャーチは、かなり楽観的らしい。まあ、研究者なんて、楽観的でなければやっていけない職業ではあるけれど。しかし、もし実現が可能だとしても、人工子宮の完成までには、かなりの年数がかかるのではないだろうか。

たしかに計画は少しずつ進んではいるけれど、マンモス復活への道のりは、まだ遠そうである。

更新世パーク

ところで、もしもマンモスが復活したら、どうするのだろうか。チャーチの考えでは、シベリアに造った「更新世（こうしんせい）パーク」に放す予定になっている。更新世というのはマンモスが繁栄していた時代のことで、およそ258万年前から1万1700年前までにあたる。シベリアの一角に柵（さく）で囲った広い土地を確保して、そこに更新世の時代を蘇らせようというのが「更新世パーク」の計画である。そのためにマンモスが必要なのだ。

更新世パークを率いているのは、シベリアにある研究施設、チェルスキー北東科学基地のセルゲイ・ジモフ（1955〜）とその息子であるニキータ・ジモフである。彼らが造った更新世パークの広さは144平方キロメートルになるらしい。

この「更新世パーク」という名称は「ジュラシック（ジュラ紀の）・パーク」に似ているけれど、目標はまったく異なる。更新世パークは、テーマパークではなく環境問題に対処する施設である。マンモスを復活させる目的は、見世物にするためではなく、シベリアの温暖化を止めるためなのだ。

マンモスステップ

更新世には大草原地帯が、シベリアを中心に、西はヨーロッパから東はカナダ北部まで広がっていたと考えられている。この大草原地帯はマンモスステップと呼ばれ、イネ科植物が多かったと考えられている。

草は、おおまかに広葉タイプとイネ科タイプに分けられる。広葉タイプの草は、地面から垂直に茎が伸びて、その上で広くて平たい葉が水平に伸びる形をしている。太陽光は上部の葉で遮(さえぎ)ってしまうので、下の方までは届かない。光合成をする器官である葉を高くするために、光合成をあまりしない茎が下から支えているわけだ。

一方、イネ科タイプの草は、細長い葉が下から上に伸びる形をしている。そのため、太陽光は下の方まで差し込むことができる。つまり、地面の近くでも光合成ができるわけだ。実際、イネ科タイプの草では、地面のすぐ近くでも光合成をしている。その結果、茎は非常に短くなっている。

つまり、広葉タイプに比べて、イネ科タイプは光合成をする部分(葉)が多く、光合成をしない部分(茎)が少ない。そのため、一般に、生長が速いことが知られている。そして、マンモスステップでは、イネ科タイプが多かったと考えられていたわけだ。

ただし、最近では、イネ科タイプではなくて、広葉タイプがマンモスステップの中心だったという可能性も出てきた[72]。これは、永久凍土に保存されていた環境DNAや、マンモスやケブカサイ（毛深犀）などの胃の内容物や糞の解析から得られた結果である。これまでの研究では、残された花粉を使って植生を推定していたため、花粉を多く作るイネ科植物を実際以上にたくさんあったと見積もっていた可能性が高いというのである。ともあれ、寒冷で乾燥した気候に適応した草が、マンモスステップの植生の中心となっていたことは確かであろう。

また、ジモフ父子が永久凍土に埋蔵された化石から推定したところ、このマンモスステップは、現在のアフリカのサバナ（サバンナとも）のように、大型動物がたくさん棲んでいる場所でもあったようだ[73]。ウマやバイソンやトナカイ、そしてマンモスが草原を闊歩していたのである。

草原は、森林などに比べて物質の循環が速い。草は生長が速く、2～3週間もすると丈が高くなって、草食動物に食べられてしまう。食べられた草は、草食動物の消化管の中で直ちに分解され、そして排泄される。草が速く成長するために必要なミネラル類は、草食動物が排泄物として供給するわけだ。こうして、草原が草食動物にエサを与える一方、草食動物も草原の世話をしているのである。

その一方で、シベリアの草食動物たちは、草原が森林になるのを防いでもいた。ヤギは苗や若木を食べ、バイソンやシカは樹皮を剝いで食べ、マンモスは樹木を倒した。下生えのコケや地衣類（菌類と藻類が共生した複合体）は踏み潰された。つまり、シベリアの草食動物たちは、森林が広がるのを防ぎながら、草原を維持していたのである。

草食動物たちは、草を食むことによって、地面を掘り起こした。シベリアでは、気温の方が地温より低いことが多いので、動物たちが地面をかき混ぜて、より低温の空気に晒すことにより、地中の温度もさらに下がったようだ。その後、地面を踏み固めたために、地中の空気が追い出されて断熱効果がなくなり、気温の低さが、より地中に伝わりやすくなった可能性もある。また、草食動物が歩き回ることにより、雪が蹴散らされることによっても、やはり地温が下がっただろう。雪もまた断熱効果があるからだ。さらに、藪や樹木より草の方が色が明るいので、太陽光を反射する割合が高い。このことも、地温を下げることに一役買ったはずだ。

こうして草食動物たちは、草原だけでなく、永久凍土も維持していたと考えられる。この状態は、最後の氷期が終わって気温が上昇した数千年前でも、それほど変わらなかったようだ。

温暖化の時限爆弾

これらの草食動物の排泄物や死骸は、草による再利用だけではすべてを消費することができなかったらしく、マンモスステップに堆積していくものもあった。また、マンモスステップに生えていた草も、草食動物たちのエサにならずに枯れて、土に還っていくものもあった。これらの動物や草の遺骸には、大量の炭素が含まれていたため、永久凍土層に莫大な量の炭素が蓄積されているらしい。

このように、草食動物によって維持されてきたシベリアの環境も、草食動物、とくに大型の草食動物が絶滅すると状況が変わった（絶滅した原因の一つは、人類による狩猟である可能性がある）。樹木を倒したり土を掘り起こしたりする者がいなくなったのだ。つまり、低温の空気が地中の永久凍土層を冷やすことがなくなったのである。地表も、草ではなくてコケや地衣類がはびこり、樹木も生えるようになった。その結果、現在では、永久凍土層が溶けやすい状態になっていると考えられる。

それに追い打ちをかけているのが、昨今の地球温暖化である。このまま温暖化が進めば、地球は取り返しのつかないことになってしまうかもしれない。

永久凍土層は、北極の周りをグルリと一周している、幅が数千キロメートルの太いベルトのようなものだ。その面積は広大で、地球の陸地面積のおよそ20パーセントを占めている。そこに閉じ込められている大量の炭素が、二酸化炭素やメタンになって放出されれば、地球の温暖化が一気に進むことは間違いない。永久凍土が溶けると、その中に閉じ込められていた有機物（動物や植物の遺骸や排泄物など）の分解が始まる。そして、二酸化炭素やメタンが放出される。この二酸化炭素やメタンは、温室効果ガスなのだ。

最初は、少しずつだろう。少しずつ永久凍土が溶けて、少しずつ二酸化炭素とメタンが放出されていく。しかし、大気中の二酸化炭素やメタンが増えるにしたがって、気温の上昇は加速し、永久凍土が溶ける速さも増す。温暖化が速く進めば、永久凍土も速く溶けて、ますます温暖化が速く進む。そうなったら、もうどうしようもない。何しろ永久凍土層には、地球上のすべての熱帯雨林が保有する炭素の3倍以上の炭素が埋蔵されているのである（米国科学アカデミーの推計によれば、1兆7000億～1兆8500億トン）。まさに永久凍土層は、温暖化を爆発的に進める時限爆弾なのだ。

時限爆弾を止める

それでは、時限爆弾を止めるには、どうしたらよいのだろうか。セルゲイ・ジモフは、『ジュラシック・パーク』がまだ出版されていない1980年代から、それについての研究を始めていた。そして、一つの解答に辿り着いた。それが「更新世パーク」だ。

かつての更新世のように、マンモスなどがシベリアを歩き回って、木をなぎ倒し、土を踏み固めれば、マンモスステップが復活するかもしれない。もし、そうなれば、永久凍土層の溶解を防ぐことができる。つまり、時限爆弾を止めることができるのだ。

そして、セルゲイ・ジモフは、息子のニキータ・ジモフの協力を得て、更新世パークを造り始めた。フィンランドからはトナカイを連れてきて、アメリカからはバイソンを運んできた。それからも、ウマやジャコウウシ（麝香牛）など、草食動物の導入は続けられている。

更新世パークでは、これらの動物が野生状態で生きていかなくてはならないので、数頭ではなく、かなりの頭数を導入する必要がある。現時点では、まだ10頭以下の種もあるが、それらについてはおいおい増やしていくとして、今は文明の利器で足りない役割を補っている。トラクターやブルドーザーで更新世パークの中を走り回って、草食動物の代わりをさせているのだ。

しかし、一番重要なのはマンモスである。樹木をなぎ倒したりするのは、ずば抜けて体の大きいマンモスにしかできないからだ。このマンモスの役割も、今のところは文明の利器で補っている。セルゲイ・ジモフは旧ソ連時代の古い装甲車を手に入れて、更新世パークの中を走らせているのである。

キャタピラの付いた装甲車のパワーは、トラクターやブルドーザーをはるかに上回る。まさに、マンモス並みだ。雪に穴を開け、木や岩を倒し、コケや地衣類を掘り返し、土を踏み固める。それを何年も続けているうちに、永久凍土の温度が10度近く下がったことをジモフ父子は確認した。更新世パークによって温暖化を阻止する計画は、机上の空論ではなく実際に有効なのだ。予想どおりに物事が進めば、最終的には永久凍土の温度を40度も下げることができるという。それが本当なら、二酸化炭素とメタンの大量放出を防いで、地球環境を守ることができそうだ。もしかしたら、復活したマンモスの群れが、地球を救うことになるかもしれないのである。

ただし、すべてがうまくいったとしても、マンモスが増えるのには時間がかかる。アジアゾウについていえば、4～5年に1回しか妊娠しないし、妊娠期間は22ヵ月である。そのうえ、生まれてから性的に成熟するのに15年もかかるのだ。マンモス（の特徴を持ったアジアゾウ）も同じようなものだと考えれば、マンモスが群れを作ってシベリアを闊歩するのは何十年も先のことだろう。人工子宮の開発などにかかる時間も考慮に入れれば、100年以上も先のことかもしれない。それまで時限爆弾が爆発しないことを祈るばかりである。

マンモスはなぜ絶滅したか

一説によると、シベリアにヒトが到達したのは、約2万7000年前だという。マンモスは、最終氷期のもっとも寒かった時代（約2万1000年前）の直後から減り始めた。最終氷期はおよそ1万2000年前に終わり、温暖な間氷期に入ったが、シベリアや北米大陸では、マンモスは約1万1000年前に絶滅したと考えられている（一部の地域ではそれ以降も生存していたことは前述したとおりである）。マンモスが絶滅した原因としては、「気候が温暖化したこと」と「ヒトに狩猟されたこと」の二つの説がある。

気候が温暖になると、草原が減って森林や湿地が増え、マンモスのエサや生息地が減少することは確かである。しかし、寒冷な地域に棲んでいたケナガマンモスだけでなく、温暖な地域に棲んでいたコロンビアマンモスも同じ頃に絶滅しているので、「気候が温暖化したこと」だけでは、マンモスの絶滅は説明できないかもしれない。

また、ケナガマンモスは約40万年前に出現したと考えられている。もし、そうだとすれば、その後ケナガマンモスは３回も温暖な間氷期を経験して、その都度生き延びてきたことになる。とくに３回目の約12万５０００年前の間氷期は、現在よりも暖かかった。それでも絶滅しなかったのだから、「気候が温暖化したこと」だけで説明することは難しそうである。

一方で、ヒトの狩猟がマンモスの絶滅に影響したことは十分に考えられる。気候が変化するかしないかにかかわらず、ヒトが進出した土地で動物（とくに大型動物）が絶滅することは、世界中でよくあることだからだ。ただし、この説にも反論がある。当時、シベリアに住んでいたヒトの人口の推定から、マンモスを狩り尽くすほどの人数はいなかったというのである。とはいえ、もしも「気候が温暖化したこと」によってマンモスの数が減っていた場合は、「ヒトに狩猟されたこと」がとどめになって絶滅した可能性はあるだろう。

絶滅種より絶滅危惧種が優先

もしも私たちヒトがある生物を絶滅させたのであれば、私たちにはそれを復活させる義務がある、と考える人がいる。その生物が絶滅したことによって、生態系のバランスが大きく崩れた場合は、とくにそうだ。絶滅種を復活させることによって、生態系を健全な本来の状態に戻すことはよいことだ、と考える人は少なくないかもしれない。しかし、これはなかなか難しい問題だ。

イギリス出身の保全生態学者であるスチュアート・ピム（1949〜）は、絶滅種の復活に反対している人物の一人だ。ピムとその協力者たちは、ゴールデンライオンタマリンを絶滅の淵（ふち）から救うことに成功した。

ゴールデンライオンタマリンは、ブラジルの熱帯雨林に生息するサルの仲間で、赤みがかった光沢のある鮮やかな毛並みが特徴的だ。しかし、食用やペットにするために乱獲され、さらに開発による熱帯雨林の減少も追い打ちをかけ、一時は絶滅寸前の状態になった。1960年代の生息数は、およそ200頭と推定されている。

ゴールデンライオンタマリンの生息地は、人間が作ったウシの放牧地のために、二つに分断されていた。個体数が少ない種にとって、このように生息地が分断されることは、致命的である。小さな個体群には、アリー効果が強く影響するからだ。

アリー効果というのは、アメリカの生態学者、ウォーダー・クライド・アリー（1885〜1955）によって提唱されたもので、個体群密度（一定の大きさの空間で生活する個体数）がその中の個体の適応度に影響する現象のことだ。個体群密度が減少すると個体の適応度も減少するのである。

個体群が大きくて個体群密度も高ければ、捕食者から狙われにくいし、繁殖相手も見つけやすい。反対の場合は、捕食者から狙われやすくて、繁殖相手も見つけにくいのみならず、たとえ繁殖しても近親交配になりやすい。そのため、個体群の規模や密度があるラインを下回ると、個体数は急速に減少して絶滅しやすくなる。まさにゴールデンライオンタマリンは、この状態に陥っていた。

そこで、ピムたちは、この放牧地を買い取って、ゴールデンライオンタマリンが棲めるようにした。そうして、二つに分断されていた生息地を繋げたのである。この目論見(もくろみ)は成功して、ゴールデンライオンタマリンは二つの生息地の間を行き来するようになった。そして繁殖もするようになり、最悪の事態は避けられたのである。

このように、絶滅危惧種を救うことの方が、絶滅種を復活させることよりはるかに重要だと、ピムは考えている。実際に、絶滅危惧種を救う取り組みは、いくつもの大きな成功を収めている。多くの人が考えているより、絶滅危惧種を救済することには大きな希望があり、絶滅種の復活などをしている場合ではないというのである。

たしかに、たとえばアフリカのマルミミゾウは、重大な危険に晒されている。自然保護運動家や監視員の殺害も辞さないような、重火器で武装した密猟者によって、命を狙われているのである。そういう緊急事態に、マンモスの話をしているのは、適切ではないかもしれない。

モラルの低下

さらにピムは、モラルの低下も危惧している。いつでも復活させられるのだから絶滅させても構わない、という考えが広まることを心配しているのだ。実際にそんなことを考えている人などいるのか、と疑問に思うかもしれない。ところが、これに近い考え方をしている人は、実際にたくさんいるようだ。

ニシアメリカフクロウは、北アメリカ西部に生息する絶滅危惧種である。このニシアメリカフクロウの生息地である森林を、大量に伐採する計画が持ち上がった。この計画は中止になったのだが、その際にこんなことを言う人がいた。

もし森林を伐採するとニシアメリカフクロウが絶滅するというなら、前もってニシアメリカフクロウを捕獲しておけばよい。そして、再び木々が生長したら、また自然に返せばよいではないか――。

だが、木々が生長するには、それなりに長い年月がかかる。その間に、ニシアメリカフクロウは檻の中で世代交代をするかもしれない。檻の中で生まれたニシアメリカフクロウは、獲物の捕まえ方などを自然の中で学ぶことはできない。そういうニシアメリカフクロウを、木々が生長した後で自然の中に放しても、生き延びることができるだろうか。

また、捕獲して飼育しておくにしても、かなりの個体数が必要である。あまり少なければ、近親交配の悪影響が現れるかもしれないし、自然の中に放した後で、アリー効果によって絶滅してしまうかもしれない。

とはいえ、経済的な理由がある場合は、こういう考えを頭ごなしに否定することは、なかなか難しい。ニシアメリカフクロウを救うためなら人間なんか飢えてもいい、とはさすがにいえないだろう。そう考えると、「とりあえず絶滅させてしまいましょう。後で復活させればいいじゃないですか」という意見が出るのも、時間の問題かもしれない。

絶滅種の復活は絶滅危惧種を絶滅させる

環境保全家であるカナダのカールトン大学のジョセフ・ベネットは、ピムとは違う視点から、絶滅種の復活に反対している[74]。絶滅種を復活させることによって、絶滅危惧種を救うことができなくなるというのである。

絶滅種を復活させるためには、多額の資金がいる。ある試算では、絶滅種を1種復活させる資金で、絶滅危惧種を3種ぐらい救うことができるという。もしも使える金額が一定であれば、単純に考えて、1種復活させると3種絶滅することになる。絶滅種を復活させると、差し引きで損失が生じるわけだ。

ただし、これには反論がある。絶滅種を復活させるプロジェクトの多くは、政府ではなく民間から資金を調達している。民間の出資者の中には、ある特定の種にしか興味を持たない人が結構いる。そういう人たちは、マンモスにはお金を出すけれど、ニシアメリカフクロウにはお金を出さないかもしれない。そういう場合は、絶滅種を復活させたために絶滅危惧種を救えなかった、ということにはならないだろう。現実の、絶滅種の復活プロジェクトを考えると、この反論には一定の説得力がある。とはいえ、一握りの人気のある種だけを復活させて、他の種を無視することは、バランスを欠いており、健全な生態系の復活に結びつかないことはもちろんである。

人間への危険

他に想定される問題としては、復活種は単なる外来種ではないかという批判がある。「絶滅種を復活させた生物」という色眼鏡を外してみれば、復活種は生態系にとって単なる侵略的外来種である、という批判に応えることは難しい。さらに、（チャーチによる復活マンモスのように）復活種に遺伝子操作が行われている場合は、遺伝子を操作された生物を野に放ってよいのかという問題も加わる。

さらに、もっとも直接的な危険としては、復活種が人間に危害を及ぼすことが考えられる。たとえば、復活したマンモスが人間を襲うケースなどだ。

絶滅種の復活の目的が、生態系の復元である場合、復活種を野生に返すことは必須条件である。檻に入れたり綱で繫いだりしないのだから、復活種が人間に危害を加える可能性を想定しておくことは必要だろう。実際、ジャコウウシによる被害は現実のものとなった。

正確には絶滅種ではないが、ジャコウウシはノルウェーで地域絶滅していた。そこで、1932年と1947年に、ジャコウウシがノルウェーに再導入されたのである。ジャコウウシが再導入されたのは山中だったが、それでも山歩きをしている人々と鉢合わせをする事態はときどき起きた。ジャコウウシが増えるにしたがって、人々との摩擦は増加していき、怪我をさせられる事態も起きるようになった。そして、ついに1960年代のある日、70代の男性がジャコウウシに突進され、それが原因で亡くなると、地元住民の反対運動は頂点に達した。ジャコウウシを全頭射殺しようとする人々もいた。これは政府によって抑えられたものの、こういう事態はいつ起こっても不思議ではないだろう。

人間に及ぼす危険があまりに大きい場合は、もちろん復活させるべきではない。たとえば、生物ではなくてウイルスのケースだが、天然痘を復活させようという人はいないだろう。天然痘は明らかに人間が絶滅させた種だけれど、そのことに罪悪感を持って復活させたりすると、大変なことになるからだ。

ただし、マンモスに限っていえば、復活した個体を放すのは、人の少ないシベリアだし、実際にマンモスが暮らすところは、柵で囲われた更新世パークなので、人に危害を加える可能性は低いかもしれない。それでも、実際に放すときには、万全の対策が必要であることはいうまでもない。

生態系の復活は幻想？

また、そもそも生態系を復活させることなどできない、という考えもある。

200年近くも前のことだが、ダーウィンがこんな観察をしている。彼の義父が所有していた土地の中には、ほとんど樹木のない荒れ地があった。その一部を何ヘクタールにもわたって柵で囲って、アカマツを植林したのである。それから25年が経つと、そこの植生は、ガラリと大きく変わってしまった。

かつては見られなかった植物が12種も茂っており、食虫性の鳥が6種も観察されるようになった。昆虫に関してはよくわからないが、食虫性の鳥が増えたことから推測して、やはりその構成が大きく変化したことは間違いない。

このような生態系の変化をもたらした原因は、アカマツを植えたことと、柵で囲ったためにウシが入ってこなくなったことである。それだけで、それ以外の何十種もの生物が変化してしまったのである。もっとも、これはダーウィンが直接観察できたものと、観察から推測できたものの数であって、観察できなかったものもたくさんあると思われる。ダーウィンの義父の土地では、実際には数百種以上の生物がさまざまな変化を起こしたことは確かだろう。

つまり、生態系の中で1種か2種が変化すれば、その影響は数百種以上に及ぶということだ。そういう状況で、最初に変化した1種か2種を元に戻したところで、生態系のすべての種が元どおりになることは、まずあり得ない。とくに、その影響で絶滅した生物が何種もいる場合は、それらも復活させなければならない。それらを総合的に考えると、一度変化させた生態系を、完全に元どおりにすることは不可能だといってよい。

生態系の中で、それぞれの生物は網の目のように絡み合い、私たちの目が届く範囲を超えてはるか彼方まで、あるいははるかな微小領域まで広がっている。そんな生態系を完全にコントロールすることなど、私たちにはできないのである。

しかも、ある種が絶滅してから長い時間が経っている場合、生態系には多くの変化が起きているだろう。その結果、さまざまな種の間で相互の関係が確立し、安定しているかもしれない。そこに、絶滅種を復活させて投入することが、果たしてよいことといえるだろうか。せっかく安定している生態系を、攪乱（かくらん）するだけではないだろうか。

ある意味、私たちは、「昔はよかった」といった感傷に流されているのかもしれない。いくつかある絶滅種の復活プロジェクトの間に、どの時代を復活させようとしているかについての合意はないからだ。それぞれのプロジェクトが、それぞれの場所でそれぞれの時代を復活させようとしている。それぞれのプロジェクトの終着点が異なるのであれば、それらをすべて合わせたとき、地球の環境はどこへ向かうのだろうか。昔ならば、いつでもいいのだろうか。

しかし、冷静に考えれば、そもそも「昔はよかった」とは限らないのだ。それを検討するために、かつては北アメリカで大繁栄していたリョコウバト（旅行鳩）について考えてみよう。

リョコウバトの繁栄

マーサはメスのリョコウバトだった。そして、最後のリョコウバトだった。死ぬ前の4年間、地球上には彼女しかリョコウバトはいなかったのだ。そして、1914年9月1日の午後1時に、アメリカのシンシナティ動物園の職員が、檻の中の床に横たわっている彼女を見つけた。それが、リョコウバトが絶滅した瞬間だった。

彼女は檻の中で生まれ、檻の中で死んだ。29年という、リョコウバトとしては短くない生涯を、ずっと檻の中で過ごしたのだ。死んだ後、彼女は剝製にされて、国立自然史博物館に展示されていたが、近年、シンシナティ動物園に帰ってきた。今では、シンシナティ動物園は、最後のリョコウバトがいた動物園として有名になっている。

リョコウバトは、非常に繁栄した種であった。19世紀半ばには、約50億羽のリョコウバトが北アメリカに生息しており、野生の鳥類としてはもっとも個体数が多かった、と言われている。

また、リョコウバトは、全体の個体数が多いだけでなく、一つひとつの群れも大きかった。数億羽から成る群れもあったらしい。リョコウバトの群れが飛んでくると、群れが通り過ぎるまで3日間も太陽が隠れて空が真っ黒になり、糞が雪のように降ってきたという。

そんなにたくさんいたリョコウバトが、わずか数十年で絶滅してしまったのだ。絶滅した原因は、明らかに人間による乱獲だった。リョコウバトは栄養たっぷりで美味しくて、手軽な食料として人気があった。しかし、最初のうちは、それほど大量に狩られることはなかったようだ。

リョコウバトは、名前からもわかるように、毎年大移動をした。夏は北アメリカの北部で子育てをして、冬は南部で過ごしたのだが、そのときに通るルートを毎年変えていたのである。

リョコウバトの巨大な群れは、その通り道にある木の実や果実をすべて食べ尽くしてしまう。そのため、それらの植物が回復するまで、数年間はそのルートを通らなかったと考えられる。つまり、リョコウバトには、他の渡り鳥と違って、決まったルートがなかった。そのため、リョコウバトの巨大な群れがどこにいるかはわかりにくく、待ち伏せされて大量に狩られることは少なかったのである。

しかし、電報と鉄道の発達によって、状況は変わった。電報が発達することによって、「リョコウバトはここにいるぞ」と、遠くにいる人にも知らせることができるようになったのだ。そのため、リョコウバトがどこにいても、その居場所が北アメリカ中に筒抜けになってしまった。そして、鉄道が発達することによって、何千人もの狩猟者が列車に乗り込み、リョコウバトのもとへ向かったのである。

リョコウバトを殺すのは簡単だった。集まって飛んでいたので、散弾銃を1発撃てば、何十羽ものリョコウバトを撃ち落とすことができた。ある記録では、1発で99羽を撃ち落としたという。撃ち落としたリョコウバトは、羽毛を毟り取って樽に詰め、塩漬けにされた。そんな、リョコウバトの樽ばかりを積んだ列車が、しょっちゅう都会に向けて走っていたらしい。

とくにリョコウバトの子には、脂肪が多かった。脂ののった子鳩は人気があり、ニューヨークやシカゴのレストランにおける定番メニューだったという。

リョコウバトの復活計画

さて、話を現在に戻そう。非営利組織であるリバイブ・アンド・リストアは、バイオテクノロジーによって絶滅危惧種や絶滅種を救い、生態系を回復することを目指している。そして、ベン・ノヴァクは、リバイブ・アンド・リストアにおけるリョコウバト復活プロジェクトのリーダーだ。

リョコウバトを復活させる方法は、(細かいところに違いはあるけれど)基本的にはマンモスの場合と同じである。リョコウバトのDNAの一部を、リョコウバトにもっとも近縁なオビオバト(帯尾鳩)のDNAに組み込んで、リョコウバトのようなオビオバトを作り出す。そして、リョコウバト(のようなオビオバト)を野に放つ、というのである。

リョコウバトのように莫大な数が生息していれば、生態系への影響も甚大だったはずだ。そんなリョコウバトを、数十年という短期間で人間は絶滅させてしまった。そのために、生態系が大きく変化してしまったことは間違いない。

たとえば、リョコウバトはドングリをエサにしていたが、リョコウバトが減ったためにドングリをつける木が増えた。その結果、ドングリを食べるネズミとシカが増えて、それらに寄生しているダニも増加した。そのダニは、ライム病（皮膚に紅斑ができ、発熱・筋肉痛・関節痛などが見られる感染症）を媒介することが知られている。そのため、20世紀になってライム病が急増したのは、リョコウバトの絶滅と関係がある可能性が高い。リョコウバトを復活させれば、ネズミやシカなどと競合するので、ライム病が減るかもしれない。そういう種間の本来の相互作用を通じて、生態系のバランスが改善されることを、ノヴァクは望んでいるのだ。

なぜリョコウバトは大繁栄したか

ところで、19世紀にはリョコウバトがおよそ50億羽もいたというが、もっと昔からそんなにたくさんいたのだろうか。

たしかに、人間がリョコウバトを絶滅させたことは間違いない。19世紀には50億羽もいたリョコウバトが、20世紀には0羽になってしまったのだ。だから、20世紀の0羽という状態は、異常な状態といえるだろう。しかし、だからといって、19世紀の50億羽という状態を、正常な状態と考えてよいのだろうか。50億羽もまた異常な状態である可能性はないだろうか。リョコウバトの群れが通り過ぎるのに何日もかかるとか、通り過ぎた後は木の実がすべて食べ尽くされてしまうとか、そういう状況はあまりにも極端で、安定した生態系とは思えないからだ。

北アメリカにおける最大級の古代都市、カホキア（米中部イリノイ州）の遺跡を調査した報告によると、意外なことにリョコウバトは、ほとんど住民の食料になっていなかったらしい。あんなに美味しいといわれたリョコウバトを、なぜ1000年から数百年前のアメリカ先住民は食料にしなかったのだろうか。その理由は、リョコウバトがあまりいなかったから、ではないだろうか。

このような、かつてはリョコウバトの個体数が少なく、群れの規模も小さかった、という説は、他の考古学的証拠からも支持されている。

リョコウバトが少なかった理由は、おそらくアメリカ先住民がその個体数を抑えていたからであろう。アメリカ先住民も、リョコウバトのエサであるドングリやクリを食べていた。そのため、両者は競合関係にあり、個体数もバランスが取れて安定していたのである。

しかし、約500年前にヨーロッパ人がアメリカ大陸にやってくると、状況は変わった。ヨーロッパ人が持ち込んだ感染症やアメリカ先住民に対する虐殺と奴隷化が、アメリカ先住民の社会を崩壊させ、人口を激減させたのである。その結果、アメリカ先住民とリョコウバトのバランスが崩れて、リョコウバトが大発生したのではないだろうか。もし、そうだとすれば、19世紀のリョコウバトも、異常な状態だった可能性がある。

かつて、世界初の国立公園であるアメリカのイエローストーン国立公園で、オオカミを駆除したためにシカが大発生して、森林が大打撃を受けたことがあった。これは生態系のバランスが崩れた例として有名だが、19世紀のリョコウバトの大発生も、イエローストーン国立公園におけるシカの大発生のようなものかもしれないのだ。

目指すべき時代は？

リョコウバトやオビオバトのゲノムが解析されたことにより、両者の進化における道筋はかなり明らかになっている。リョコウバトとオビオバトが分岐したのは、約2200万年前らしい。それからいろいろなことがあったかもしれないが、少なくとも最近数百万年間は、リョコウバトは北アメリカ東部の森林を棲み家として、個体数も比較的安定していた。氷河期などの気候変動もあったはずだが、個体数が著しく減るようなことはなかったようだ。

それについて、ノヴァクはこう述べている。リョコウバトには決まった移動パターンがなく、放浪型の生活を送っていた。それが可能だったのは、リョコウバトが何でも食べることができたからだろう。食料にも生息地にも融通が利いたリョコウバトは、気候変動による影響をあまり受けなかったのではないだろうか。

たしかに、ノヴァクの言うとおりかもしれない。そのため、アメリカ先住民が減ってバランスが崩れたとき、何でも食べられるリョコウバトは、50億羽にまで個体数を増やすことができたのかもしれない。しかし、そのためにリョコウバトは、木の実や果実を食べ尽くして森林に大打撃を与えるようになったし、農家にとっても深刻な害鳥となったのである。

以上のことから考えると、もしも本当にリョコウバトのことを考えて、真剣にリョコウバトを本来の状態に戻したいのであれば、目指すべきゴールは19世紀のアメリカではなく、さらにその前の、ヨーロッパ人が来る前のアメリカということになる。

しかし、それを実現させるためには、リョコウバトを復活させるだけでは不十分だ。それに加えて、かつてのヨーロッパ人がアメリカから出ていかなくてはならない。でも、もちろん、そんなことは不可能だ。それでは、リョコウバトの復活によって、私たちはどの時代の復活を目指せばよいのだろうか。

これは、リョコウバトだけでなく、他の絶滅種復活計画についてもいえることだ。絶滅種の復活は生態系の復活を目指していることが多いけれど、それぞれの計画で目指している時代はバラバラだ。数十年前の場合もあるし、数万年前の場合もある。それぞれの地域で別々の時代が復活したら、地球の生態系はつぎはぎだらけになって、おかしな結果にならないだろうか。地球は一つであり、その生態系は繫がっているのだから。

そうはいっても、たとえば地球の温暖化は喫緊の課題である。もしもジモフ父子の予測が合っているなら、もはや猶予はない。シベリアの時限爆弾を爆発させないために、更新世パークが役に立つなら、それについては実現を目指すべきかもしれない。降りかかる火の粉は払わねばならないのだから。

恐竜の復活

今までに述べた絶滅種の復活計画は、すべて生態系の復活と関連づけられていた。絶滅種の復活が最終目標ではなく、生態系の復活が最終目標だったわけだ。ところが、一つだけ、生態系の復活とはまったく関係のない絶滅種の復活計画がある。それは、アメリカの古生物学者であるジャック・ホーナーが掲げる恐竜の復活計画である[75]。

ただし、前述したように、鳥は恐竜である。言葉を変えれば、恐竜には鳥類型恐竜と非鳥類型恐竜がいるわけだ。そして、非鳥類型恐竜は絶滅したけれど、鳥類型恐竜の一部は現在まで生き残っていて、鳥と呼ばれているのである。しかし、便宜的に本章では（具体的にはここから290頁までは）、「非鳥類型恐竜」のことを「恐竜」と呼び、「鳥類型恐竜」のことは「鳥」と呼ぶことにする。

さて、「絶滅種の復活」の方法は、選択的交配とクローン作製と遺伝子編集の三つに分けられる、と述べた。だが、ホーナーの考える恐竜復活の方法は、上記の三つのどれにも当て嵌まらない。あえていえば遺伝子編集に近いけれど、遺伝子そのものは変えない計画なのだ。ホーナーの考える恐竜復活の方法は、一言でいえば「先祖返り」である。鳥は恐竜の子孫なので、進化の過程を巻き戻して、鳥の胚から恐竜を育てようというわけだ。

なぜホーナーは、マンモスの場合のジョージ・チャーチのように、遺伝子編集によって恐竜を作らないのだろうか。鳥のゲノムの中に、恐竜の遺伝子を組み込んで、恐竜を作らないのだろうか。その理由は二つある。

一つ目の理由は、恐竜の遺伝子（の塩基配列）がわからないからだ。すでに述べたように、恐竜の化石は古すぎて、DNAが残っていないのである。ただし、もし恐竜の遺伝子がわかったとしても、マンモスの場合のジョージ・チャーチのようなやり方では、ホーナーは遺伝子編集を行わなかっただろう。それは、二つ目の理由から明らかだ。

二つ目の理由は、ホーナーが興味を持っているのが「進化」だからだ。ホーナーを突き動かしているのは純粋に科学的な好奇心であって、いかにして恐竜が鳥に進化したのか、その過程を知りたいのである。

恐竜と鳥の違い

恐竜と鳥の違いは、おもに四つある。一つ目は前肢だ。恐竜の前肢は、腕の先に手が付いているが、鳥の前肢は、翼になっている。恐竜にも羽毛はあったが、翼はなかったのである。

二つ目は顎だ。鳥の顎は嘴になっている。三つ目は歯だ。恐竜には歯があるが、鳥には歯がない。四つ目は尾だ。恐竜には長い尾があるが、鳥には尾羽があるだけで尾はないのである。

このような鳥は、中生代のジュラ紀（約2億１００万〜1億４５００万年前）に進化した。おそらく約1億５０００万年前には、鳥に至る系統は恐竜から分岐していたと考えられている。そのような、恐竜と鳥を分けていく進化は、どのようにして起きたのだろうか。鳥は恐竜から、いかにして進化したのだろうか。

もしも遺伝子編集技術によって、鳥のゲノムに恐竜の遺伝子を組み込んで、いきなり恐竜を復活させたら、進化の途中の過程はわからない。恐竜と鳥を繋ぐ進化の過程を知るためには、鳥のゲノムの中に残っている記憶を呼び覚まして、進化を逆行させなければならないのだ。

これは、かならずしも絵空事ではない。なぜなら、ニワトリの未発達な歯を作ることに成功しているグループがあるからだ。つまり、すでに部分的には、進化を巻き戻すことができているのである。

昔は鳥も、歯や尾を持っていたのだから、今も鳥のゲノムの中には、歯や尾を作る遺伝子が残っているはずだと、ホーナーは期待しているのである。使われなくなった遺伝子が長期間にわたってガラクタのように残っていることは、実際に知られている。いや、本当にガラクタなのか、まだ知られていないだけでじつは重要な機能があるのかはわからないけれど、今は失われてしまった昔の形質が、遺伝子の形で残っていることはたしかにある。たとえば、私たちヒトも、胚の段階では尾があるのだが、その後消えてしまうのである。

遺伝子の発現を変える

ＤＮＡの中には、遺伝子が書き込まれている。でも、このままの状態では、遺伝子は働くことができない。その遺伝子がＲＮＡに転写されて、さらにＲＮＡからタンパク質に翻訳されて、はじめて働くことができるのである。実際に生命活動を担っているのは（つまり酵素となって化学反応を調節したり、構造タンパク質となって体そのものを作ったりするのは）おもにタンパク質なのだ。このように、ＤＮＡ（遺伝子）からＲＮＡやタンパク質が作られることを発現という。

生物が進化する原因の一つとして、まず思いつくのは遺伝子の変化だ。遺伝子が変化すれば、それから作られるタンパク質も変化するので、その結果、生物の形や性質も変化するからだ。

しかし、生物が進化する原因は、他にも考えられる。たとえば、遺伝子の発現の変化だ。遺伝子自身が変化しなくても、遺伝子が発現するタイミングや発現する量（つまり最終的に作られるタンパク質の量）が変化すれば、その結果、生物の形や性質が変化することは十分に考えられる。いや、むしろ発現の変化の方が、遺伝子の変化よりも、影響が大きいのではないだろうか。

遺伝子自体を変化させるのには時間がかかる。それよりも遺伝子の発現を変化させてしまった方が手っ取り早い。発現のスイッチを入れたり切ったりすれば、遺伝子を入れ替えることも簡単にできる。そのため、生物の形や性質が短期間に大きく変化したときには、遺伝子発現の変化が関わっている可能性が高い。

ホーナーが注目しているのは、この遺伝子発現の変化である。恐竜から鳥への進化にあたっては、遺伝子自体の変化よりも、発現の変化が重要な役割を果たした可能性が高い。そこで、発現の変化を元に戻すことにより、鳥から恐竜を作ろうとしているのだ。受精卵から成体へと発生していく過程で、鳥へと向かうスイッチを切り、恐竜へと向かうスイッチを入れてやるのである。そうすれば、恐竜に見える生物が生まれる可能性があると、ホーナーは考えている。そして、とりあえずは、恐竜と鳥との違いの一つである尾に取り組んでいるという。鳥の尾羽を長い尾に変えようとしているのである。

始祖鳥のような鳥

ちなみに、祖先的な形をした鳥といえば、ツメバケイ（爪羽鶏）が有名である。ツメバケイは南アメリカの熱帯雨林に棲む鳥で、飛ぶのはあまりうまくない。木からあまり下りないが、移動するときは地面を歩くこともあるようだ。また、現生の鳥としては珍しく、左右の翼に2本ずつ爪があり、ジュラ紀に生息していた始祖鳥（しそちょう）に似ているとも言われる。

ただし、成体には爪がない。爪を持っているのは、生まれてから2〜3週間までの雛（ひな）だけだ。通常の鳥の雛は巣から出ることはないが、ツメバケイの雛は巣の外に出て、枝から枝へと活発に動き回る。また、サルなどの天敵が来ると、木の下を流れている川に飛び込むこともある。ツメバケイの雛は泳ぐのも潜るのもうまいので、溺（おぼ）れることはほとんどないらしい。そして、危険が去ると、再び木に登っていく。このとき、嘴や足の爪だけでなく、翼の爪も積極的に使うのである。どうやらツメバケイの爪は、木に登るときに一番役に立つようだ。

ただし、ツメバケイの爪は、始祖鳥の時代の爪がそのまま残っているわけではない。他の鳥と同じように、ツメバケイの祖先においても、一度は爪がなくなったようだ。しかし、樹上生活をしているうちに、すばやく木に登れる方が適応的だったためか、再び爪が進化したらしい。つまり、ツメバケイの爪は祖先形質のなごりというわけではないと考えられる。

しかし、それでもホーナーには意味があるらしい。ツメバケイの爪は、形質としては新しくできたものかもしれないが、その発生メカニズムは昔のものを使っているかもしれないからだ。

もしかしたら、鳥から爪がなくなったのは、爪を作る遺伝子を発現させるスイッチが切れたからであって、爪を作る遺伝子自体は残っていたかもしれない。ツメバケイでは、再びそのスイッチが入ったので、もう一度爪が現れた可能性がある。

もちろん、これは想像に過ぎないけれど、あり得ない話ではない。ともあれ、少なくともツメバケイの爪のでき方を調べる価値はあると、ホーナーは考えているわけだ。

ところで、余談だが、始祖鳥には歯があり、長い尾もある。ツメバケイと似ているのは翼に爪があることぐらいで、あとはあまり似ていないようだ。

チキノサウルスの作製

ホーナーは先祖返りをさせる材料として、ニワトリを使っている。したがって、もし計画がうまくいったら、ニワトリぐらいの大きさの恐竜が生まれるはずだ。ホーナーはその恐竜をチキノサウルスと呼んでいる。尾と歯があり、鉤爪（かぎづめ）の付いた前肢を持ち、２本足で走り回る動物だ。

ホーナーは胚の成長に手を加えて、小さな恐竜を作り出そうとしている。具体的には、遺伝子の発現を制御するような化学物質を使うことを想定しているようだ。つまり、ニワトリのゲノムを変えるわけではないのである。実際に生物が行っている遺伝子発現の制御の仕方は、もちろんゲノムに書き込まれているわけだが、ホーナーは外から化学物質を加えることによって、発現の仕方を変えるつもりなのである。

そのため、恐竜のような形をしていても、チキノサウルスのゲノムは、ニワトリのゲノムのままだ。したがって、もしもチキノサウルスが檻から逃げ出して、チキノサウルス同士が交尾して子供を作ったとしても、その子供はニワトリのゲノムを持つただのニワトリだろう。

ただし、ゲノムは同じでも、チキノサウルスとニワトリでは体の作りが違う。そのため、もしかしたら産んだ卵にも何らかの違いがあるかもしれない。その結果、生まれたニワトリにも多少の違いがあるかもしれない。生物の体の作りは、ゲノムによって100パーセント決まっているわけではなく、発生するときの環境にも大きく左右されるからだ。そのため、チキノサウルスの子供は、ニワトリと同じゲノムを持っているけれど、ニワトリとは少し違うかもしれない。

とはいえ、万が一、チキノサウルスが檻から逃げ出しても、『ジュラシック・パーク』のような大惨事が起きる可能性は低い。チキノサウルスは小さいし、たとえ繁殖しても、生まれるのはチキノサウルスではなく、ニワトリに近い動物だからだ。

ニワトリの歯

だが、本当にチキノサウルスを作ることができるのだろうか。何しろ、鳥が恐竜から分かれたのは、1億5000万年以上前のことなのだ。これだけの時間が経てば、さすがに遺伝子自体も大きく変わってしまっている可能性がある。

ホーナーの恐竜復活計画は、あくまで遺伝子自体が大きく変わっていないことを前提にしている。遺伝子が大きく変わっていなければ、その発現の順序や量などを変えることによって、恐竜（チキノサウルス）が生まれるかもしれない。でも、遺伝子自体が大きく変わっていたら、残念ながらホーナーの計画どおりにはいかないだろう。

さきほど、ニワトリの未発達な歯を作ることには、すでに成功していると述べた。それはそうなのだが、じつは実際にニワトリに歯が生えたわけではない。

歯には、エナメル質の部分と象牙質の部分がある。エナメル質は上皮組織から、象牙質は間葉組織から作られるが、それには上皮組織と間葉組織の間で相互作用が起こることが必要である。上皮組織と相互作用をすることによって間葉組織は象牙質を作り、その象牙質と相互作用をすることによって上皮組織はエナメル質を作るのである。

しかし、ニワトリの上皮組織と間葉組織があっても歯はできない。おそらく、片方あるいは両方の組織が大きく変わってしまったのだろう。だから、ニワトリには歯がないわけだ。そこで試しに、ニワトリの上皮組織とマウスの間葉組織を合わせて、マウスに移植をしてみた。すると、象牙質が作られたのである。つまり、ニワトリの上皮組織には、歯を作るように間葉組織に働きかける力が残っていたことになる。

この他にも、似たような実験結果はいくつか報告されており、中には成長因子を変えると歯が作られたというものもあるので、現在のニワトリにも、ある程度は歯を作る能力が残っているようだ。歯を作らなくなってから少なくとも数千万年は経っているのに、これは驚くべきことである。

しかし問題もある。再生された歯は、本当に先祖返りをした歯と考えてよいのだろうか。たとえば、歯を作るためには多くの化学物質が必要で、それらが作用する経路は複雑だ。同じものが複数の経路によって作られることも珍しくない。そのため、実験的な操作をいろいろ加えた後で、似たような物ができたとしても、それは先祖返りとは限らない。先祖が持っていたものとは異なる経路で作られたものかもしれないからだ。

チキノサウルスのもう一つの目的

すでに述べたように、チキノサウルスを作る目的は、生態系の復活ではなく、科学的な好奇心である。ホーナーは、生命の神秘に少しでも近づきたいのだろう。しかし、じつはホーナーには、もう一つ別の目的があるようだ。

ホーナーはアメリカの大学で教えていたが、ホーナーと同じ教壇には神学者が立つこともあった。同じ教室で、古生物学も講義されていたし、キリスト教の教義も講義されていたのである。

講義を聞く側の学生もいろいろだった。科学を職業にしようとする学生もいたし、そうでない学生もいた。キリスト教の信者の学生もいたし、そうでない学生もいた。キリスト教の信者の学生の中にも、聖書を文字どおりには信じていない学生もいたし、そうでない学生もいた。そんな学生たちに、ホーナーがいつも主張していることは、科学と宗教は対立するものではない、ということだ。

科学と宗教の違いは、問われる質問の種類の違いである、と言われることがある。だがホーナーは、示される答えの種類の違いである、といった方がよいという意見だ。そして、どんな答えを出すかを考えるときには、単なる思考実験ではなく、周りの現実を見ることが大切だ。その現実の中に、ホーナーはチキノサウルスを置いておきたいのである。なぜなら、チキノサウルスは、進化のショッキングな証拠になるからだ。それでも、ホーナーは自ら答えを示したりはしない。その先は学生が自分で考えることなのだろう。

おわりに

あるお金持ちの老人が、不治の病にかかったとしよう。現代の医療技術では、その病気を治すことはできない。そこで、その老人は、未来の医療技術に夢を託すことにした。体を冷凍保存しておいて、病気を治す技術が確立した時点で解凍して、病気を治療しようと考えたのだ。そして老人の体は、冷凍保存された。

それから２００年後、ついに人類の科学技術は、その病気の治療法を確立した。そこで、老人を解凍して治療するかどうかを、老人の娘の息子の息子の娘の息子の娘の息子の娘に打診した。

彼女は家族とともに、狭いアパートに住んでいた。いくら先祖とはいえ、まったく面識のない老人を引き取って、同居するのは気兼ねである。とはいえ、冷凍保存までして病気を治療しようとした老人の気持ちを無下にするのも気の毒だ。そこで、老人の娘の息子の息子の娘の息子の娘の息子の娘は、老人を解凍して治療することに同意した。

老人は解凍されて、治療が行われた。老人は健康体となり、彼女のもとへ引き取られていった。そして、狭いアパートで、彼女の家族と同居することになった。しかし、いくら子孫とはいえ、まったく面識のない娘の息子の息子の娘の息子の娘の娘の息子の娘やその家族の世話になって暮らすのは気兼ねであった。もちろん、友達は一人も生き残っていない。老人は孤独であった。

以上の話は、もちろん冗談である。実際に人体の冷凍保存は行われているし、それに関わっている人々には、しっかりした考えやそれなりの覚悟があることと思う。それでも、一つ確かなことは、復活すればバラ色の未来が開けるとは限らないということだ。

これは、絶滅種の復活の場合も同じだろう。過去はすべてがすばらしく、かつては生態系が完璧なバランスで存在していた、というのは思い込みである。絶滅種が復活したからといって、バラ色の過去が蘇るとは限らないのだ。

本文で述べたように、ホーナーはニワトリの胚の発生に手を加えて、チキノサウルスという小さな恐竜を作り出そうとしている。その目的は、進化を理解することだ。しかし、進化を理解するためなら、わざわざチキノサウルスを作り出す必要はないかもしれない。

実際、ニワトリの胚の発生を操作して、恐竜の特徴を再現しようという研究者は、ホーナーの他にもいる。しかし、そういう研究者は、胚を孵化させようとは考えていない。胚の段階でも、ある形質が復活するかどうかは観察できるのだから、それで十分だろうという考えなのだ。チキノサウルスを作らなくても、進化を理解することは可能だというわけである。

マンモスの復活の話では、ハーバード大学のジョージ・チャーチやチェルスキー北東科学基地のジモフ父子を紹介した。彼らは、永久凍土が抱える温暖化の時限爆弾を爆発させないために、マンモスを復活させようとしている。しかし、チャーチとジモフ父子の考えは少し違う。チャーチはマンモスの復活に積極的だが、ジモフ父子はそれほどでもない。とくに父であるセルゲイ・ジモフは、現生の比較的大きい草食動物でもマンモスの代わりは務まるだろう、と考えているようだ。

そもそも絶滅種の復活は、本当に必要なのだろうか。絶滅種を復活させれば、バランスの取れた生態系が戻ってくるのだろうか。そんなことを考えていると、私はつい、自分自身の種のことを考えてしまう。もしも私たちが、つまり現生人類が絶滅したら、それを復活させようとしてくれる種が、果たしているだろうか。

私たちが絶滅した後の地球では、タコやカラスが知能を発達させて知的生命体になっているかもしれない。そのとき、それらは、絶滅種である人類を復活させようとするだろうか。人類を復活させれば、バランスの取れた生態系が復活すると、タコやカラスが考える可能性は低い。むしろ人類は、生態系を破壊してきた張本人だと考えるのではないだろうか。もし、そうであれば、タコやカラスは私たち以外の種を復活させることはあっても、私たちを復活させることはないだろう。私たちを復活させても、バラ色の未来はやってこないというわけだ。

まあ、タコやカラスの身になってみなければ本当のところは分からないけれど、ときには私たちと他の動物の立場を入れ替えた状況を空想することも必要ではないだろうか。

この先、どんな未来が待っているか分からないけれど、人類がどんな選択をするかによって、未来が変わることは確実だ。そして、人類が何らかの選択をするときに、これまでに消えていった絶滅種のこと、そして人類自身も絶滅種になる可能性があることを、頭の片隅においておけば、それはきっと私たちの選択に何らかの影響を与えることだろう。そんな未来に思いを馳せる折に、拙著がいくらかでも役に立てば幸いである。

最後に、多くの助言を下さった中央公論新社の並木光晴氏、そのほか本書をよい方向に導いて下さった多くの方々、そして何よりも、この文章を読んで下さっている読者諸賢に深く感謝いたします。

更科　功

2024年1月

注

（1）Bear, R. S.（1944）X-ray Diffraction Studies on Protein Fibers. I. The Large Fiber-Axis Period of Collagen. *Journal of the American Chemical Society*, 66(8), 1297-1305
（2）Abelson, P. H.（1954）Amino acids in fossils. *Science*, 119, 576.
（3）Abelson, P. H.（1956）Paleobiochemistry. *Scientific American*, 195, 83-96.
（4）Weiner, S.（1975）Soluble protein of the organic matrix of mollusk shells: a potential template for shell formation. *Science*, 190, 987-989.
（5）Sarashina, I. and Endo, K.（2001）The complete primary structure of molluscan shell protein 1（MSP-1）, an acidic glycoprotein in the shell matrix of the Scallop *Patinopecten yessoensis*. *Marine Biotechnology*, 3, 362-369.
（6）Tsukamoto, D. et al.（2004）Structure and expression of an unusually acidic matrix protein of pearl oyster shells. *Biochemical and Biophysical Research Communications*, 320, 1175-1180.
（7）Sarashina, I. and Endo, K.（1998）Primary structure of a soluble matrix protein of scallop shell: Implications for calcium carbonate biomineralization. *American Mineralogist*, 83, 1510-1515.
（8）Prager, E. M. et al.（1980）Manmmoth albumin. *Science*, 209, 287-289.
（9）Lowenstein, J. M. et al.（1981）Albumin systematics of the extinct mammoth and Tasmanian wolf. *Nature*, 291, 409-411.
（10）Pellegrino, C.（1985）Dinosaur capsule. *Omni*, 7, 38-40, 114-115.
（11）Pellegrino, C.（1995）Resurrecting dinosaurs. *Omni*, 17, 68-72.
（12）Jones, E. D.（2018）Ancient DNA: a history of the science before *Jurassic Park*. *Studies in History and Philosophy of Biological & Biomedical Sciences*, 68-69, 1-14.
（13）小野寺節（１９９２）「比較免疫生物学の最近の展開」『化学と生物』30号、４２２〜４３０頁

(14) Raup, D. M. and Stanley, S. M. (1971) Principles of Paleontology. *W. H. Freeman and Company*, San Francisco.（邦訳は『古生物学の基礎』デイヴィット・M・ラウプ、スティーヴン・M・スタンレー著、花井哲郎、小西健二、速水格、鎮西清高訳、どうぶつ社、１９８５年）
(15) DeSalle, R. and Lindley, D. (1997) The science of Jurassic Park and The Lost World, or, How to build a dinosaur. *Basic Books*, New York.（邦訳は『恐竜の再生法教えます――ジュラシック・パークを科学する』ロブ・デサール、デヴィッド・リンドレー著、加藤珪、鴨志田千枝子訳、伊藤恵夫監修、同朋舎、１９９７年）
(16) 菊地謙次（２０１５）「蚊の吸血機構に学ぶ血球との干渉低減について」『日本機械学会流体工学部門ニュースレター　流れ』２０１５年11月号、５頁
(17) Kikuchi, K. and Mochizuki, O. (2011) Micro-PIV (micro particle image velocimetry) visualization of red blood cells sucked by a female mosquito. *Measurement Science and Technology*, 22, 064002.
(18) Jahan, N. et al. (1999) Blood digestion in the mosquito, *Anopheles stephensi:* the effects of *Plasmodium yoelii nigeriensis* on midgut enzyme activities. *Parasitology*, 119, 535-541.
(19) Miyake, T. et al. (2019) Bloodmeal host identification with inferences to feeding habits of a fish-fed mosquito, *Aedes baisasi. Scientific Reports*, 9: 4002.
(20) Poinar, G. O. and Hess, R. (1982) Ultrastructure of 40-million-year-old insect tissue. *Science*, 215, 1241-1242.
(21) Rensberger, B. (1992) Entombed in amber, ancient DNA hints of 'Jurassic Park'. *The Washington Post*, September 25, https://www.washingtonpost.com/archive/politics/1992/09/25/entombed-in-amber-ancient-dna-hints-of-jurassic-park/7309d11f-8d62-4589-ba8e-a493392dc6e9/.
(22) Bennett, D. K. (1980) Stripes do not a Zebra Make, Part I: A Cladistic Analysis of Equus. *Systematic Biology*, 29, 272-287.
(23) Pääbo, S. et al. (1989) Ancient DNA and the polymerase chain reaction: the emerging field of molecular archaeology. *The Journal of Biological Chemistry*, 264, 9709-9712.
(24) Higuchi, R. et al. (1984) DNA sequences from the quagga, an extinct member of the horse family. *Nature*, 312, 282-284.

（25）Higuchi, R. et al.（1987）Mitochondrial DNA of the extinct quagga: relatedness and extent of postmortem change. *Journal of Molecular Evolution*, 25, 283-287.

（26）Pääbo, S.（2014）Neanderthal Man: In Search of Lost Genomes. *Basic Books*, New York.（邦訳は『ネアンデルタール人は私たちと交配した』スヴァンテ・ペーボ著、野中香方子訳、文藝春秋、２０１５年）

（27）Pääbo, S.（1985）Preservation of DNA in ancient Egyptian mummies. *Journal of Archaeological Science*, 12, 411-417.

（28）Pääbo, S.（1985）Molecular cloning of ancient Egyptian mummy DNA. *Nature*, 314, 644-645.

（29）Shapiro, B.（2015）How to Clone a Mammoth: The Science of De-Extinction. *Princeton University Press*, Princeton.（邦訳は『マンモスのつくりかた――絶滅生物がクローンでよみがえる』ベス・シャピロ著、宇丹貴代実訳、筑摩書房、２０１６年）

（30）Pääbo, S. and Wilson, A. C.（1988）Polymerase chain reaction reveals cloning artefacts. *Nature*, 334, 387-388.

（31）Höss, M. et al.（1996）Molecular phylogeny of the extinct ground sloth *Mylodon darwinii*. *Proceedings of the National Academy of Sciences of the United States of America*, 93, 181-185.

（32）Niklas, K. J. and Brown R. M. Jr.（1981）Ultrastructural and paleobiochemical correlations among fossil leaf tissues from the St. Maries River（Clarkia）area, Northern Idaho, USA. *American Journal of Botany*, 68, 332-341.

（33）Giannasi D. E. and Niklas K. J.（1985）The paleobiochemistry of fossil angiosperm floras. Part I. Chemosystemic aspects. In *Late Cenozoic History of the Pacific Northwest: Interdisciplinary Studies on the Clarkia Fossil Beds of Northern Idaho*, edited by Smiley, C. J., San Francisco: Pacific Division of the American Association for the Advancement of Science, pp. 161-174.

（34）Golenberg, E. M. et al.（1990）Chloroplast DNA sequence from a Miocene *Magnolia* species. *Nature*, 344, 656-658.

（35）Pääbo, S. and Wilson, A. C.（1991）Miocene DNA sequences – a dream come true? *Current Biology*, 1, 45-46.

（36）Lindahl, T. and Nyberg, B.（1972）Rate of depurination of native deoxyribonucleic acid. *Biochemistry*, 11, 3610-3618.
（37）Lindahl, T. and Andersson, A.（1972）Rate of chain breakage at apurinic sites in double-stranded deoxyribonucleic acid. *Biochemistry*, 11, 3618-3623.
（38）Sidow, A. et al.（1991）Bacterial DNA in Clarkia fossils. *Philosophical Transactions of the Royal Society B*, 333, 429-433.
（39）Soltis, P. S. et al.（1992）An rbcL sequence from a Miocene *Taxodium*（bald cypress）. *Proceedings of the National Academy of Sciences of the United States of America*, 89, 449-451.
（40）Jones, E. D.（2021）Ancient DNA: The Making of a Celebrity Science. *Yale University Press*, New Haven.（邦訳は『こうして絶滅種復活は現実になる――古代ＤＮＡ研究とジュラシック・パーク効果』エリザベス・Ｄ・ジョーンズ著、野口正雄訳、原書房、２０２２年）
（41）DeSalle, R. et al.（1992）DNA sequences from a fossil termite in Oligo-Miocene amber and their phylogenetic implications. *Science*, 257, 1933-1936.
（42）Cano, R. J. et al.（1992）Isolation and partial characterisation of DNA from the bee *Proplebeia dominicana*（Apidae: Hymenoptera）in 25-40 million year old amber. *Medical Science Research*, 20, 249-251.
（43）Cano, R. J. et al.（1992）Enzymatic amplification and nucleotide sequencing of portions of the 18s rRNA gene of the bee *Proplebeia dominicana*（Apidae: Hymenoptera）isolated from 25-40 million year old Dominican amber. *Medical Science Research*, 20, 619-622.
（44）Cano, R. J. et al.（1993）Amplification and sequencing of DNA from a 120-135-million-year-old weevil. *Nature*, 363, 536-538.
（45）Woodward, S. R. et al.（1994）DNA sequence from Cretaceous period bone fragments. *Science*, 266, 1229-1232.
（46）Austin, J. J. et al.（1997）Problems of reproducibility – does geologically ancient DNA survive in amber – preserved insects? *Proceedings of the Royal Society of London. Series B*, 264, 467-474.
（47）Penny, D. et al.（2013）Absence of ancient DNA in sub-fossil insect inclusions preserved in ‘Anthropocene’

Colombian copal. *PLoS ONE*, 8（9）, e73150.

（48）Wray, B.（2017）Rise of the necrofauna: The science, ethics, and risks of de-extinction. *Greystone Books*, Vancouver.（邦訳は『絶滅動物は甦らせるべきか？——絶滅種復活の科学、倫理、リスク』ブリット・レイ著、高取芳彦訳、双葉社、２０２０年）

（49）Krings M. et al.（1997）Neandertal DNA sequences and the origin of modern humans. *Cell,* 90, 19-30.

（50）Green, R. E. et al.（2006）Analysis of one million base pairs of Neanderthal DNA. *Nature*, 444, 330-336.

（51）Green, R. E. et al.（2010）A draft sequence of the Neandertal genome. *Science*, 328, 710-722.

（52）Rasmussen, M. et al.（2010）Ancient human genome sequence of an extinct Paleo-Eskimo. *Nature*, 463, 757-762.

（53）Abi-Rached, L. et al.（2011）The shaping of modern human immune systems by multiregional admixture with archaic humans. *Science*, 334, 89-94.

（54）Zeberg, H. and Pääbo, S.（2020）The major genetic risk factor for severe COVID-19 is inherited from Neanderthals. *Nature*, 587, 610-612.

（55）Poinar, H. N. et al.（2006）Metagenomics to paleogenomics: Large-scale sequencing of mammoth DNA. *Science*, 311, 392-394.

（56）Noonan, J. P. et al.（2005）Genomic sequencing of Pleistocene cave bears. *Science*, 309, 597-599.

（57）Stiller, M. et al.（2006）Patterns of nucleotide misincorporations during enzymatic amplification and direct large-scale sequencing of ancient DNA. *Proceedings of the National Academy of Sciences of the United States of America*, 103, 13578-13584.

（58）van der Valk, T. et al.（2021）Million-year-old DNA sheds light on the genomic history of mammoths. *Nature*, 591, 265-269.

（59）Kjær, K. H. et al.（2022）A 2-million-year-old ecosystem in Greenland uncovered by environmental DNA. *Nature*, 612, 283-291.

（60）Callaway, E.（2023）‘Truly gobsmacked’: Ancient-human genome count surpasses 10,000. *Nature*, 617, 20.

（61）Bar-On, Y. M. et al.（2018）The biomass distribution on Earth. *Proceedings of the National Academy of*

Sciences of the United States of America, 115, 6506-6511.
(62) 溝井裕一（２０２１）『動物園・その歴史と冒険』中央公論新社
(63) Gurdon, J. B.（1962）The developmental capacity of nuclei taken from intestinal epithelium cells of feeding tadpoles. *Journal of Embryology and Experimental Morphology*, 10, 622-640.
(64) Gurdon, J. B. et al.（1975）The developmental capacity of nuclei transplanted from keratinized skin cells of adult frogs. *Journal of Embryology and Experimental Morphology*. 34, 93-112.
(65) Wilmut, I. et al.（1997）Viable offspring derived from fetal and adult mammalian cells. *Nature*, 385, 810-813.
(66) Kornfeldt, T.（2016）Mammutens Återkomst. *Fri Tanke Förlag*, Sweden.（邦訳は『マンモスの帰還と蘇る絶滅動物たち――人類は遺伝子操作で自然を支配できるのか』トーリル・コーンフェルト著、中村桂子監修、中村友子訳、エイアンドエフ、２０２０年）
(67) Folch, J. et al.（2009）First birth of an animal from an extinct subspecies（*Capra pyrenaica pyrenaica*）by cloning. *Theriogenology*, 71, 1026-1034.
(68) Wilmut, I. et al.（2002）Somatic cell nuclear transfer. *Nature*, 419, 583-587.
(69) Ahrestani, F. S.（2018）*Bos frontalis* and *Bos gaurus*（Artiodactyla: Bovidae）. *Mammalian Species*, 50, 34-50.
(70) Gómez, M. C. et al.（2004）Birth of African Wildcat cloned kittens born from domestic cats. *Cloning and Stem Cells*, 6, 247-258.
(71) Campbell, K. L. et al.（2010）Substitutions in woolly mammoth hemoglobin confer biochemical properties adaptive for cold tolerance. *Nature Genetics*, 42, 536-540.
(72) Willerslev, E. et al.（2014）Fifty thousand years of Arctic vegetation and megafaunal diet. *Nature*, 506, 47-51.
(73) Zimov, S. A. et al.（2012）Mammoth steppe: a high-productivity phenomenon. *Quaternary Science Reviews*, 57, 26-45.
(74) Bennett, J. R. et al.（2017）Spending limited resources on de-extinction could lead to net biodiversity loss. *Nature Ecology & Evolution*, 1, 0053.
(75) Horner, J. and Gorman, J. (2009) How to Build a Dinosaur: Extinction Doesn't Have to Be Forever. *Dutton Adult*, New York.（邦訳は『恐竜再生――ニワトリの卵に眠る、進化を巻き戻す「スイッチ」』ジャック・

ホーナー、ジェームズ・ゴーマン著、柴田裕之訳、真鍋真監修、日経ナショナルジオグラフィック社、2010年）

更科 功（さらしな・いさお）

1961年（昭和36年），東京都に生まれる．東京大学教養学部基礎科学科卒業．民間企業勤務を経て，東京大学大学院に進み，理学系研究科博士課程を修了．博士（理学）．専門分野は分子古生物学．現在，武蔵野美術大学教授．『化石の分子生物学』で第29回講談社科学出版賞を受賞．

著書『化石の分子生物学』（講談社現代新書）
『宇宙からいかにヒトは生まれたか』（新潮選書）
『爆発的進化論』（新潮新書）
『絶滅の人類史』（NHK出版新書）
『進化論はいかに進化したか』（新潮選書）
『残酷な進化論』（NHK出版新書）
『若い読者に贈る美しい生物学講義』（ダイヤモンド社）
『理系の文章術』（講談社ブルーバックス）
『未来の進化論』（ワニブックスPLUS新書）
『「性」の進化論講義』（PHP新書）
『ヒトはなぜ死ぬ運命にあるのか』（新潮選書）
『禁断の進化史』（NHK出版新書）
ほか

化石（かせき）に眠（ねむ）るＤＮＡ
中公新書 *2793*

2024年2月25日発行

著　者　更科　功
発行者　安部順一

本文印刷　三晃印刷
カバー印刷　大熊整美堂
製　本　小泉製本

発行所　中央公論新社
〒100-8152
東京都千代田区大手町1-7-1
電話　販売 03-5299-1730
　　　編集 03-5299-1830
URL https://www.chuko.co.jp/

Published by CHUOKORON-SHINSHA, INC.
Printed in Japan　ISBN978-4-12-102793-1 C1245

中公新書刊行のことば

一九六二年一一月

いまからちょうど五世紀まえ、グーテンベルクが近代印刷術を発明したとき、書物の大量生産は潜在的可能性を獲得し、いまからちょうど一世紀まえ、世界のおもな文明国で義務教育制度が採用されたとき、書物の大量需要の潜在性が形成された。この二つの潜在性がはげしく現実化したのが現代である。

いまや、書物によって視野を拡大し、変りゆく世界に豊かに対応しようとする強い要求を私たちは抑えることができない。この要求にこたえる義務を、今日の書物は背負っている。だが、その義務は、たんに専門的知識の通俗化をはかることによって果たされるものでもなく、通俗的好奇心にうったえて、いたずらに発行部数の巨大さを誇ることによって果たされるものでもない。現代を真摯に生きようとする読者に、真に知るに価いする知識だけを選びだして提供すること、これが中公新書の最大の目標である。

私たちは、知識として錯覚しているものによってしばしば動かされ、裏切られる。私たちは、作為によってあたえられた知識のうえに生きることがあまりに多く、ゆるぎない事実を通して思索することがあまりにすくない。中公新書が、その一貫した特色として自らに課すものは、この事実のみの持つ無条件の説得力を発揮させることである。現代にあらたな意味を投げかけるべく待機している過去の歴史的事実もまた、中公新書によって数多く発掘されるであろう。

中公新書は、現代を自らの眼で見つめようとする、逞しい知的な読者の活力となることを欲している。

知的戦略・情報

n1

RC 1886 中公新書

科学・技術

p1

中公新書

医学・医療

q1